高等职业教育工程监理专业
教育标准和培养方案
及主干课程教学大纲

全国高职高专教育土建类专业教学指导委员会
　　土建施工类专业指导分委员会　编制

中国建筑工业出版社

图书在版编目(CIP)数据

高等职业教育工程监理专业教育标准和培养方案及主干课程教学大纲/全国高职高专教育土建类专业教学指导委员会土建施工类专业指导分委员会编制.—北京:中国建筑工业出版社,2004
ISBN 7-112-06906-8

Ⅰ.高… Ⅱ.全… Ⅲ.建筑工程—监督管理—专业—高等学校:技术学校—教学参考资料 Ⅳ.TU712

中国版本图书馆 CIP 数据核字(2004)第 104268 号

责任编辑:刘平平
责任设计:孙　梅
责任校对:刘玉英

高等职业教育工程监理专业
教育标准和培养方案
及主干课程教学大纲

全国高职高专教育土建类专业教学指导委员会
土建施工类专业指导分委员会　编制

*

中国建筑工业出版社出版、发行(北京西郊百万庄)
新华书店经销
北京市兴顺印刷厂印刷

*

开本:787×1092毫米　1/16　印张:6¾　字数:163千字
2004年10月第一版　2004年10月第一次印刷
印数:1—1,500册　定价:**20.00元**
ISBN 7-112-06906-8
TU·6152　(12860)

版权所有　翻印必究
如有印装质量问题,可寄本社退换
(邮政编码　100037)

本社网址:http://www.china-abp.com.cn
网上书店:http://www.china-building.com.cn

出 版 说 明

全国高职高专教育土建类专业教学指导委员会是建设部受教育部委托（教高厅函[2004]5号），并由建设部聘任和管理的专家机构（建人教函[2004]169号）。该机构下设建筑类、土建施工类、建筑设备类、工程管理类、市政工程类等五个专业指导分委员会。委员会的主要职责是研究土建类高等职业教育的人才培养，提出专业设置的指导性意见，制订相应专业的教育标准、培养方案和主干课程教学大纲，指导全国高职高专土建类专业教育办学，提高专业教育质量，促进土建类专业教育更好地适应国家建设事业发展的需要。各专业类指导分委员会在深入企业调查研究，总结各院校实际办学经验，反复论证基础上，相继完成高等职业教育土建类各专业教育标准、培养方案及主干课程教学大纲（按教育部颁发的〈全国高职高专指导性专业目录〉），经报建设部同意，现予以颁布，请各校认真研究，结合实际，参照执行。

当前，我国经济建设正处于快速发展阶段，随着我国工业化进入新的阶段，世界制造业加速向我国的转移，城镇化进程和第三产业的快速发展，尽快解决"三农"问题，都对人才类型、人才结构、人才市场提出新的要求，我国职业教育正面临一个前所未有的发展机遇。作为占2003年社会固定资产投资总额39.66%的建设事业，随着建筑业、城市建设、建筑装饰、房地产业、建筑智能化、国际建筑市场等，不论是规模扩大，还是新兴行业，还是建筑科技的进步，在这改革与发展时期，都急需大批"银（灰）领"人才。

高等职业教育在我国教育领域是一种全新的教育形态，对高等职业教育的定位和培养模式都还在摸索与认识中。坚持以服务为宗旨，以就业为导向，已逐步成为社会的共识，成为职业教育工作者的共识。为使我国土建类高等职业教育健康发展，我们认为，土建类高等职业教育应是培养"懂技术、会施工、能管理"的生产一线技术人员和管理人员，以及高技能操作人员。学生的知识、能力和素质必须满足施工现场相应的技术、管理及操作岗位的基本要求，高等职业教育的特点应是实现教育与岗位的"零距离"接口，毕业即能就业上岗。

各专业类指导分委员会通过对职业岗位的调查分析和论证，制定的高等职业教育土建类各专业的教育标准，在课程体系上突破了传统的学科体系，在理论上依照"必需、够用"的原则，建立理论知识与职业能力相互支撑、互相渗透和融合的新教学体系，在培养方式上依靠行业、企业，构筑校企合作的培养模式，加强实践性教学环节，着力于高等职业教育的职业能力培养。

　　基于我国的地域差别、各院校的办学基础条件与特点的不同，现颁布的高等职业教育土建类教育标准、培养方案和主干课程教学大纲是各专业的基本专业教育标准，望各院校结合本地需求及本校实际制订实施性教学计划，在实践中不断探索与总结新经验，及时反馈有关信息，以利再次修订时，使高等职业教育土建类各专业教育标准、培养方案及主干课程教学大纲更加科学和完善，更加符合建设事业改革和发展的实际，更加适应社会对高等职业教育人才的需要。

全国高职高专教育土建类专业教学指导委员会
2004 年 9 月 1 日

前　言

我国从1988年开始推行工程建设监理制度，现在已在全国普遍实行。但是，由于工程监理制度在我国起步晚、基础差，相关的监理人才十分匮乏。而在高等职业技术学院培养工程监理专门人才是近两三年间的事，目前尚无现成的经验可借鉴。在这样的背景下，我们组织进行了《高等职业教育工程监理专业教育标准和培养方案及主干课程教学大纲》课题研究。该课题经建设部立项，由四川建筑职业技术学院牵头，在高等职业教育土建施工类专业指导分委员会全体成员共同努力下完成。

本课题采用了如下技术路线：开展调研→进行职业岗位分析→进行职业能力与素质分析→进行知识结构分析→确定培养目标→制定专业教育标准→确定课程体系→编制专业教学指导方案→专家论证→制定主干课程教学大纲→专家论证。这一科学的技术路线，保证了研究成果的科学性。

本课题对高职高专工程监理专业的培养目标，知识、能力和素质结构，课程体系，教学内容等关键问题进行了深入的研究。

工程建设监理涉及工程建设的各个专业领域，而监理人才的培养必须建立在工程技术知识基础之上，因此，试图培养涵盖工程建设全部领域的监理人才是不可能的。我们认为，工程监理专业的业务范围宜以建筑工程为限，并以施工监理为主。考虑其他专业领域的需要，可设置专业方向。

在课程体系的构建和教学内容的确定方面，总的思路是：面向职业，优化课程体系，改革教学内容，突出能力培养。优化课程体系就是根据就业导向、能力本位要求，按照有所为、有所不为的思想，构建以培养技术应用能力为主线的相辅相成的理论课体系和实践课体系。改革教学内容就是按"必需够用"的原则，对课程内容进行增删，淡化理论知识的系统性和完整性，加强学生实际动手能力，突出应用性、实用性，以提高学生分析问题和解决问题的能力。根据这一思路，通过开发新课，整合传统课程，更新教学内容，使工程监理专业的课程体系紧贴监理员的知识、能力和素质要求，并参考注册监理工程师考试科目和内容，突出实践性，体现了以"零距离上岗"为目标的职业教育特色，课程的内容关注本专业领域的技术发展，纳入了新知识、新技术、新工艺和新方法。

高等职业教育土建施工类专业指导分委员会认为，《高等职业教育工程监理专业教育标准和培养方案及主干课程教学大纲》是全体参研人员在认真分析、反复研究基础上形成的研究成果，较好地体现了就业导向、能力本位这一职业教育的本质特征。专业教育标准、培养方案是对专业培养标准的基本要求，具有一般性的指导意义，其核心是要求办学院校切实按照培养具有工程监理职业能力要求进行专业建设。

全国高职高专教育土建类专业教学指导委员会
土建施工类专业指导分委员会
主任委员　杜国城
2004年9月

目　录

工程监理专业教育标准 ……………………………………………………………… 1
工程监理专业培养方案 ……………………………………………………………… 4
工程监理专业主干课程教学大纲理论课程 ………………………………………… 10
 1 土木工程制图 …………………………………………………………………… 10
 2 土木工程力学 …………………………………………………………………… 14
 3 建筑材料 ………………………………………………………………………… 19
 4 建筑工程测量 …………………………………………………………………… 25
 5 房屋构造 ………………………………………………………………………… 30
 6 建筑设备 ………………………………………………………………………… 35
 7 建筑结构 ………………………………………………………………………… 38
 8 地基与基础 ……………………………………………………………………… 46
 9 建筑施工技术 …………………………………………………………………… 50
 10 工程建设监理概论 ……………………………………………………………… 54
 11 建筑施工组织与进度控制 ……………………………………………………… 57
 12 建筑工程质量控制 ……………………………………………………………… 60
 13 建筑工程计价与投资控制 ……………………………………………………… 64
 14 工程建设法规与合同管理 ……………………………………………………… 67
实践课程 ……………………………………………………………………………… 70
 1 认识实习 ………………………………………………………………………… 70
 2 制图测绘训练 …………………………………………………………………… 72
 3 测量实习 ………………………………………………………………………… 74
 4 模板工、架子工实训 …………………………………………………………… 76
 5 砖瓦工、抹灰工实训 …………………………………………………………… 78
 6 生产实习 ………………………………………………………………………… 80
 7 单位工程施工组织设计 ………………………………………………………… 82
 8 民用建筑构造设计 ……………………………………………………………… 84
 9 工业厂房构造设计 ……………………………………………………………… 86
 10 钢筋混凝土工程施工方案设计 ………………………………………………… 88
 11 钢筋混凝土单厂结构吊装施工方案设计 ……………………………………… 90
 12 地基基础课程设计 ……………………………………………………………… 92
 13 建筑工程计价实训 ……………………………………………………………… 94
 14 毕业综合实践 …………………………………………………………………… 96
 15 岗位实习 ………………………………………………………………………… 98
附录 全国高职高专土建类指导性专业目录 …………………………………… 100

工程监理专业教育标准

本标准是为了实现专业培养目标，设置本专业应具备的基本条件及毕业生应达到的人才规格。凡授予本专业毕业证书者，均应执行本标准。

一、专业设置条件

（一）师资队伍

1. 数量与结构

（1）本专业的专职教师不少于 7 人，其中理论课教师不少于 5 人，实训教师不少于 2 人，"双师素质"教师不少于专职教师的 30％；本专业 70％以上专业理论课应由专职专业教师承担。

（2）兼职专业教师应以监理、施工等单位工程技术和管理人员为主，并应相对稳定。

（3）本专业教师应为土木工程或相近专业毕业，其学历水平不低于：专业理论教师和兼职专业教师大学本科，实训教师大学专科。兼职专业教师应具有五年以上专业实践经验。

2. 业务水平

（1）本专业应有高级职称的专业带头人。

（2）主干专业课程应由经系统培训、具有中级职称以上的教师担任授课任务，中、高级职称占专职专业教师数不少于 60％。

（3）主干专业课程应有高级职称的学科带头人。

（二）图书资料

1. 具有土建类藏书 5000 册以上（含电子读物），并不少于 15 册/生，种数不少于 500 种。

2. 有专业期（报）刊 20 种以上。

3. 有齐全的工程建设法律法规文件资料和规范规程。

4. 有一定的技术情报资料和一定数量的专业技术资料（建筑工程施工图、施工组织设计、标准图集等）。

（三）教学设施

1. 实验设备

有建材、测量、力学、土工等实验室及相应的配套设备（力学、土工实验可在校外进行），各实验室能满足 1 个教学班同时进行实验的需要。具备本专业其他相关课程的实验条件。实验设施可与其他专业共用。

2. 校外实习基地

具有稳定、能满足教学要求的校外实习基地。

3. 校内实训设施

校内有供学生进行本专业技能训练的实训场地及满足相应工种实训的有关设备，主要工种工位数能满足1个教学班同时使用要求。

4. 电化教学设施

有适应专业教学必需的电化教学教室和相应的配套设备(幻灯、录像、多媒体等)，有一定数量的电化教学专业资料(幻灯片、录像片、多媒体课件等)。

(四) 专业教学计划

1. 具有完整、科学、合理的教学实施计划。

2. 根据人才需求的实际情况及时调整专业教学计划。

3. 专业教学计划管理严格、规范、科学。

二、人才培养规格

(一) 毕业生应具备的专业知识

1. 掌握一般民用与工业建筑的组成及细部构造。

2. 了解建筑结构的计算原则；了解结构材料的力学性能；掌握混凝土结构、钢结构与砌体结构构件的承载力计算方法；掌握结构构造要求；熟悉国家有关建筑结构的设计规范；熟悉建筑结构制图标准。

3. 了解地基土的一般性能，掌握岩土的工程分类及其现场识别；掌握基础类型及其构造要求；了解浅基础计算原理。

4. 了解常用建筑工程施工机械的种类及性能，并能合理选择和正确使用；掌握各主要工种工程、分部分项工程的施工工艺及施工方法、质量标准与安全技术；掌握冬期施工、雨期施工方法与技术措施；掌握工程建设质量检查、验收的程序及方法；掌握主要工种工程质量控制的要点。

5. 掌握单位工程施工组织的原理和方法；掌握工程建设进度控制的方法。

6. 掌握建筑工程计价、竣工结算的编制原理和方法；了解招投标及合同管理的基础知识；掌握投资控制的基本原理与方法。

7. 了解工程项目管理、工程建设信息管理以及工程建设法规基本知识。

8. 掌握工程监理的基本理论；掌握"三控制、两管理、一协调"的内容和方法。

(二) 毕业生应获得的职业能力

1. 具有编制、收集、整理、总结技术资料的能力。

2. 具有识读与绘制建筑施工图、结构施工图的能力以及识读设备施工图的能力。

3. 具有常用建筑材料及制品的检查、试验、选用、保管能力。

4. 具有建筑施工测量的能力。

5. 具有对施工现场进行质量控制、进度控制的能力和对工程项目进行、投资控制的初步能力；具有施工合同管理、信息管理的能力；具有在施工现场进行协调的能力。

6. 具有编制、审查土建单位工程施工组织设计的能力。

7. 具有确定、审查建筑工程造价的能力，并能参与工程监理招投标。

8. 能运用有关法规分析、解决一般经济纠纷。

9. 具有建筑工程主要工种的操作能力。

(三) 毕业生应具备的综合素质

1. 具有自我学习、自我发展和探讨问题的一般能力。

2. 具有进行人际交往和协调人际关系的能力。

3. 具有创新精神、实践能力和立业创业意识。

4. 具有较强的综合职业能力和推销自我的技巧，初步形成适应社会主义市场经济需要的劳动就业观和生活观。

5. 具有健全的人格和健康的身体。

（四）毕业生应获取的证书

1. 大学英语三级证书。

2. 大学计算机一级证书。

3. 监理员或土木工程建造师助理证书。

（五）毕业生能适应的职业岗位

本专业毕业生对应的职业岗位为建筑工程现场监理员，相关岗位为土木工程建造师助理。

附注　执笔人：胡兴福　刘鉴秾

工程监理专业培养方案

一、培养目标

本专业培养的目标是与社会主义现代化建设要求相适应，德、智、体、美等方面全面发展，具有综合职业能力，具备工程监理专业必需的文化基础与专业理论知识，具备建筑工程建设监理能力的高等技术应用性人才。

二、招生对象及基本修业年限

招生对象：高中毕业生、中职毕业生。

基本修业年限：3年。

三、职业能力结构及其分解

综合能力	专项能力	对应课程
绘制与识读建筑工程施工图的能力	绘制建筑工程施工图、竣工图	土木工程制图；房屋构造；建筑结构；地基与基础；建筑设备
	识读建筑工程施工图	
常用建筑材料及制品的检查、验收、保管能力	材料的保管	建筑材料；建筑施工技术
	材料的送检取样	
	材料检验报告单的审查	
建筑施工测量能力	定位放线、抄平放线、垂直度控制	建筑工程测量；建筑施工技术
	变形观测	
工程质量控制能力	工序质量控制	工程质量控制；建筑施工技术
	分项工程质量检查、验收	
	一般质量缺陷的分析处理	
进度与投资控制能力	进度控制	建筑工程计价与投资控制；建筑施工组织与进度控制
	投资控制	
监理合同与信息管理能力	工程建设监理合同管理	工程建设监理概论；工程建设法规与合同管理
	工程建设监理信息管理	
技术资料管理能力	监理资料的编制、收集、整理、归档	建筑施工技术
	施工资料的编制、收集、整理、归档	

续表

综 合 能 力	专 项 能 力	对 应 课 程
编制、审查土建单位工程施工组织设计的能力	施工组织设计的编制	建筑施工组织与进度控制
	施工组织设计的审查	
具有编制、审查单位工程造价的能力	单位工程计量和计价	建筑工程计价与投资控制
	审查单位工程造价	
建筑工程主要工种操作能力（选其中3～4个工种）	钢筋工	工种操作训练
	木工	
	架子工	
	砖瓦工	
	抹灰工	
	混凝土工	

四、课程体系

1. 理论课程体系

A 文化基础课 (658/260)	A1 思想道德修养(40/20)	A2 马克思主义哲学原理(50/20)	A3 毛泽东思想概论(40/20)	A4 邓小平理论与"三个代表"重要思想概论(60/30)	A5 法律基础(28/0)
	A6 基础英语(170/40)				
	A7 高等数学(85/20)				
	A8 计算机应用基础(65/30)				
	A9 体育(120/80)				
B 主干专业课 (950/174)	B1 土木工程制图(70/25)	B4 房屋构造(70/14)	B5 建筑结构(130/10)	B6 地基与基础(50/9)	B7 建筑施工技术(110/8)	B10 建筑施工组织与进度控制(60/6)
	B2 建筑材料(50/16)					B11 建筑工程计价与投资控制(70/8)
	B3 土木工程力学(120/34)					B12 建筑工程质量控制(40/3)
	B8 建筑工程测量(60/22)					
	B9 建筑设备(50/13)					
	B13 工程建设监理概论(30/0)		B14 工程建设法规与合同管理(35/6)			
C 选修课 (170)	选修课170学时，建议开设AutoCAD、工程数学、专业英语、组织行为学、建筑施工项目管理、道路工程、桥梁工程、市政工程概论等课程					

注：1. （ ）内数字为基本学时数，其中"/"上为总学时，"/"下为实践教学学时。
2. 理论课总学时1778学时，其中实践教学434学时。
3. 横向排列的课程按先修后续关系排列。

2. 实践课程体系

D1 计算机操作实训(1)										
D2 认识实习(1)	D3 制图测绘训练(1)	D4 房屋构造课程设计(2)	D5 建筑结构课程设计(2)	D6 地基与基础课程设计(1)	D7 建筑施工技术课程设计(2)	D8 建筑施工组织与进度控制课程设计(1)	D12 毕业综合实践(9)	D13 岗位实习(15)	D14 毕业答辩(1)
	D9 工种操作训练(2)				生产实习(3)	D11 建筑工程计价与投资控制课程设计(1)			
	D10 测量实习(2)								

注：1.（ ）内数字为周数，共44周，折算为1320学时。
　　2. 横向排列的课程按先修后续关系排列。

五、专业主干课程

1. 土木工程制图

基本学时：70学时。

基本内容：制图基本知识，正投影的基本原理，剖面图与断面图的绘制，建筑施工图、结构施工图的绘制与识读方法，道路施工图、桥涵施工图基本知识。

基本要求：掌握点、线、面、形体正投影的基本理论及作图方法，掌握建筑施工图、结构施工图的绘制与识读方法，了解道路施工图、桥涵施工图的表示方法。

教学方法建议：讲练结合；安排实践教学周。

2. 土木工程力学

基本学时：120学时。

基本内容：静力学公理，约束与约束反力，物体及物系的受力分析，平面力系（平面汇交力系、平面平行力系、平面一般力系）平衡条件的应用；空间汇交力系平衡条件的应用，力对轴的矩，空间平行力系、一般力系的平衡条件简介；四种基本杆件的内力、应力计算及强度分析，四种基本杆件的变形计算与刚度分析，压杆稳定性分析；杆件结构体系的几何组成分析，静定杆件结构受力分析，简单超静定结构受力分析。相应的力学试验。

基本要求：能熟练进行结构受力分析，掌握静定结构和简单超静定结构内力计算及内力图绘制方法。

教学方法建议：应有足够数量的练习，并宜安排一定量的习题课。

3. 建筑材料

基本学时：50学时。

基本内容：建筑材料的基本性质，常用建筑材料及装饰材料（石材、水泥、混凝土、钢材、木材、沥青、防水材料及建筑塑料、玻璃、涂料、面砖等等）及其制品的主要技术性能、用途、质量标准、检测试验方法、保管要求，建材试验。

基本要求：掌握常用建筑材料、装饰材料及其制品的主要技术性能、用途、质量标准、检测试验方法、保管要求。

教学方法建议：注意常用建筑材料、装饰材料及其制品的识别，保证实验教学。

4. 建筑工程测量

基本学时：60学时。

基本内容：水准测量，角度测量，距离丈量及直线定向，水准仪、经纬仪等仪器设备的操作实践，测量误差基本知识，小区控制测量，大比例尺地形图的测绘，建筑施工测量。

基本要求：能熟练操作水准仪、经纬仪等仪器设备，掌握建筑施工测量的方法。

教学方法建议：讲练结合；安排实践教学周。

5. 房屋构造

基本学时：70学时。

基本内容：建筑设计程序及原则，民用建筑构造，民用建筑施工图，工业建筑构造，工业建筑施工图。

基本要求：掌握常见建筑构造的原理与典型做法，能识读和理解民用建筑、工业建筑施工图。

教学方法建议：进行现场教学；采用真实工程施工图进行教学；安排实践教学周。

6. 建筑设备

基本学时：50学时。

基本内容：电工学基本知识，施工现场供电基本知识，电照施工图、弱电施工图的识读，一般室内电气设备安装方法及质量标准，建筑防雷与安全用电，室内给排水及卫生设备，室内采暖、供燃气、通风与空调，室内给排水、暖通施工图的识读，一般室内给排水及暖通设备安装方法及质量标准，电工实验。

基本要求：能识读室内水、暖、电施工图，掌握一般建筑设备安装质量标准。

教学方法建议：进行现场教学。

7. 建筑结构

基本学时：130学时。

基本内容：结构计算的基本原则；结构材料的力学性能；钢筋混凝土结构基本构件的承载力计算、变形与裂缝宽度验算；预应力混凝土构件；钢筋混凝土楼（屋）盖；钢筋混凝土多层与高层房屋结构构造；砌体结构构件承载力计算；刚性方案房屋计算；砌体房屋墙、柱构造；钢结构的连接；钢结构构件计算；钢屋盖；抗震设计原则；多层砌体房屋、钢筋混凝土框架房屋、底部框架及内框架砖房、单层钢筋混凝土厂房的抗震构造要求；建筑结构施工图。

基本要求：掌握结构基本构件的承载力计算方法及钢结构的连接计算方法，掌握各种结构和构件的构造要求，能识读和理解建筑结构施工图。

教学方法建议：安排适当现场参观；采用真实工程施工图进行教学；安排实践教学周。

8. 地基与基础

基本学时：50学时。

基本内容：土的物理性质及工程分类，地基土应力及变形计算，土的抗剪强度及地基承载力，土坡稳定性验算，浅基础设计，桩基础，基础施工图，土工实验。

基本要求：掌握岩土的工程分类，并能在现场识别常见岩土；掌握特殊土地基的处理方法；掌握基础的类型及构造；能识读和理解基础施工图。

教学方法建议：开展现场教学；安排实践教学周。

9. 建筑施工技术

基本学时：110 学时。

基本内容：土石方工程、桩基工程、砌筑工程、钢筋混凝土工程、预应力混凝土工程、结构安装工程、防水工程、装饰工程、冬雨期施工、大模板施工、滑模施工、升板法施工等的施工方法、施工工艺、质量标准、主要安全措施以及主要施工机械设备，高层建筑施工。

基本要求：掌握各主要工种工程和分部分项工程的施工方法、施工工艺、质量标准和主要安全措施，掌握冬雨期施工的方法与技术措施，能正确选择和使用施工机械。

教学方法建议：加强多媒体教学及现场教学；安排实践教学周。

10. 工程建设监理概论

基本学时：30 学时。

基本内容：工程建设监理的基本概念；监理工程师；建设监理单位；工程建设项目监理组织及程序；工程监理信息管理和风险管理基本知识；工程建设监理技术文件。

基本要求：掌握工程建设项目监理组织及程序，熟悉工程建设监理技术文件。

教学方法建议：宜安排参观监理现场。

11. 建筑施工组织与进度控制

基本学时：60 学时。

基本内容：进度控制的概念、施工组织与网络计划技术、进度计划实施中的监测与调整方法、设计阶段的进度控制、施工阶段的进度控制、物资供应的进度控制、施工组织软件应用。

基本要求：掌握单位工程施工组织设计和各阶段进度控制的方法。

教学方法建议：加强施工组织设计软件教学；安排实践教学周。

12. 建筑工程质量控制

基本学时：40 学时。

基本内容：工程质量概论，工程建设各阶段的质量控制，工程质量事故分析与处理，ISO 9000 标准简介，安全控制。

基本要求：掌握工程建设各阶段质量控制的方法。

教学方法建议：加强案例教学。

13. 建筑工程计价与投资控制

基本学时：70 学时。

基本内容：投资及投资控制的基本概念，建筑工程消耗量定额，建筑工程费用，建筑工程计量，建筑工程计价，建筑工程竣工结算，造价软件应用。

基本要求：掌握投资控制的基本概念，能进行建筑工程计量和计价。

教学方法建议：讲练结合；加强造价软件教学；安排实践教学周。

14. 工程建设法规与合同管理

基本学时：35 学时。

基本内容：工程建设法规概述；建筑法，合同法，招投标法，城市规划法，工程质量管理条例，工程建设程序管理法规，建筑市场法规，工程建设监理法规，工程建设经济纠纷解决的途径；建设工程招投标管理；建设工程委托监理合同管理；建设工程勘察、设计合同管理；建设工程施工合同管理；其他合同管理；FIDIC合同条件。

基本要求：熟悉工程建设主要法规，掌握各阶段合同管理的内容，能运用有关法规分析、处理一般纠纷。

教学方法建议：加强案例教学。

六、教学时数分配

课程类别		学时	其中	
			理论	实践
理论课	文化基础课	658	398	260
	专业主干课	950	776	174
	选修课	170	170	0
实践课		1320	0	1320
合计		3098	1344	1754
理论课占总学时的比例(%)			43.4	
实践课占总学时的比例(%)			56.6	

七、编制说明

1. 实行学分制的学校，修业年限可为2~5年。课程学分，理论课视课程难易程度和重要性每13~20学时计1学分，实践课每周计1学分。毕业总学分150学分左右。

2. 专业方向举例：道路与桥梁工程监理、水利水电工程监理、市政工程监理、铁路工程监理、水运工程监理等。

附注 执笔人：胡兴福

工程监理专业主干课程教学大纲
理 论 课 程

1 土木工程制图

一、课程的性质与任务

土木工程制图是研究土木工程图样的识图方法和绘制的一门学科,是工程技术人员表达设计意图、交流技术思想、指导施工等必须具备的基本知识和技能。该课程是工程监理专业的一门实践性很强的职业基础课,其主要任务是培养学生图示、图解、识图能力和空间思维能力,并具有一定的绘图技能。

二、课程教学目标

(一)知识目标

掌握正投影的基本理论和作图方法,了解轴测投影的基本知识和画法,了解工程图的形成方法及表达内容。

(二)能力目标

能够正确使用绘图工具,有较熟练的绘图技能,并要求能识读和绘制一般建筑工程图,并了解道路与桥涵施工图。所绘图样应符合制图国家标准,具有较好的图面质量。

(三)德育目标

培养学生认真负责的绘图工作态度和一丝不苟的工作作风。

三、课程内容及教学要求

(一)绪论

1. 主要内容

课程的目的、任务;本课程与相关课程的关系;本课程的内容、学习方法;工程制图的发展概况。

2. 教学要求

了解为什么学、学什么、怎么学,以调动学习该门课程的学习积极性。

(二)制图基本知识与技能

1. 主要内容

注:本大纲理论课程中"*"表示课程重点,"▲"表示课程难点。

图纸、制图工具、仪器及用品简介；国家《建筑制图标准》的一般规定；几何作图、尺寸注法。

2．教学要求

(1) 掌握图纸的规格、边框线、图框线及标题栏的等制图的基本规定。
(2) 掌握主要制图工具的使用及维护方法，学会正确的制图工作方法。
(3) 了解和记忆建筑制图标准的一些基本规定。
(4) 掌握几何作图的方法、步骤。
(5) 掌握尺寸标注的方法。

3．作业建议

仿宋字练习、图线练习、几何作图、尺寸标注。

(三) 正投影基础

1．主要内容

＊投影的基本概念和分类；▲正投影的基本原理；＊基本形体的投影；▲组合体的投影。

2．教学要求

(1) 了解投影的概念和分类。
(2) 理解正投影的基本原理，且能正确应用。
(3) 熟练掌握基本形体的投影特征及图示方法、尺寸标注。
(4) 具有线面分析、形体分析的能力，能绘制组合体的三面投影图和标注尺寸的方法、步骤。

3．作业建议

习题集上的相关内容。

(四) 建筑形体表面交线

1．主要内容

▲切割型建筑形体表面交线；▲相交型建筑形体表面交线；▲同坡屋面表面交线。

2．教学要求

(1) 了解立体的截断与相贯的基本概念。
(2) 了解基本形体截交线、相贯线的求作方法。

3．作业建议

习题集上相关内容。

(五) 轴测投影图

1．主要内容

＊轴测投影的形成及分类；＊▲正等测的画法；＊▲斜二测的画法。

2．教学要求

(1) 了解轴测投影的基本概念。
(2) 熟练掌握轴测投影图的画法，能正确绘制形体的正等测图与斜二测图。

3．作业建议

正等测、斜二测练习。

(六) 剖面图与断面图

1．主要内容

＊剖面图的种类和画法；＊断面图的种类和画法。

2. 教学要求

（1）了解剖面图与断面图的形成及分类。

（2）掌握剖面图与断面图的绘制方法。

3. 作业建议

绘制剖面图、断面图。

（七）钢筋混凝土结构和钢结构构件详图

1. 主要内容

钢筋的分类与作用；＊▲钢筋混凝土构件详图的图示方法及图示内容；钢结构构件详图的图示方法及图示内容。

2. 教学要求

（1）了解钢筋的分类与作用，了解常用构件的代号。

（2）掌握钢筋混凝土构件详图的图示方法及图示内容。

（3）了解钢结构构件详图的图示方法及图示内容。

（八）建筑工程施工图

1. 主要内容

建筑工程施工图的形成及分类；＊▲建筑施工图的识读；＊▲结构施工图的识读。

2. 教学要求

（1）了解建筑工程施工图的形成及基本内容。

（2）具有识读建筑施工图的能力，掌握绘制施工图的方法及步骤。

3. 作业建议

识读建筑施工图、结构施工图。

（九）道路与桥涵工程施工图

1. 主要内容

道路工程施工图的图示方法及基本内容；桥涵工程施工图的图示方法及基本内容。

2. 教学要求

（1）了解道路与桥涵工程施工图的图示方法、图示内容。

（2）能阅读一般道路与桥涵工程施工图。

四、课时分配

序 号	课 程 内 容	课 时 分 配		
		总学时	理论教学	实践教学
（一）	绪论	2	2	
（二）	制图基本知识与技能	6	4	2
（三）	正投影基础	12	8	4
（四）	建筑形体表面交线	6	4	2
（五）	轴测投影图	6	4	2
（六）	剖面图与断面图	8	6	2
（七）	钢筋混凝土结构和钢结构构件详图	4	4	0

续表

序 号	课程内容	课时分配		
		总学时	理论教学	实践教学
（八）	建筑工程施工图	20	10	10
	(1) 建筑施工图	(12)	(6)	(6)
	(2) 结构施工图	(8)	(4)	(4)
（九）	道路与桥涵工程施工图	6	3	3
	合　　计	70	45	25

五、实践环节

安排一周的制图实习，项目：建筑物的测绘。

六、大纲说明

（一）本大纲适用于三年制高职高专工程监理专业。

（二）其他说明

1. 讲课时应注意与其他课程的联系。
2. 注意新的建筑类国家标准的应用。
3. 注意理论与实践相结合。
4. 注意使用多媒体课件。

附注　执笔人：雷昌祥

2 土木工程力学

一、课程的性质与任务

土木工程力学是研究结构受力及构件承载力的课程,是工程监理专业的重要职业基础课程,它包含静力学、材料力学及结构力学三部分内容。

本课程的任务是:使学生具有一般结构受力分析的能力;对构件作强度、刚度及稳定性核算的能力;了解材料的主要力学性能并具有测试材料强度指标及塑性指标的初步能力,为今后学习后继课程、解决实际工程问题打下扎实的力学基础。

二、课程教学目标

(一)知识目标

1. 理解静力学基本概念,能正确分析物体的受力并准确作出受力图,掌握力的合成的解析法,掌握平面一般力系平衡方程的应用。
2. 掌握内力、应力、应变等基本概念,能熟练运用截面法求解内力,能正确绘制内力图。
3. 理解强度、刚度的含义,能对基本变形构件进行强度、刚度验算,了解长细杆稳定性验算的方法。
4. 掌握图乘法计算位移的方法。
5. 掌握力法及弯矩分配法计算超静定结构。
6. 掌握影响线的绘制方法及影响线的运用。

(二)能力目标

培养学生具备较强的力学思维能力,能根据实际工程问题建立力学模型,具有分析和解决工程实践问题的能力。

(三)德育目标

将德育教育寓于专业知识的教学中,教育学生热爱生活、热爱学习、热爱自己的专业,刻苦学习,学风严谨,使学生养成理论联系实际的良好习惯。

三、课程内容及教学要求

(一)绪论

1. 教学内容

本课程的性质、地位及研究对象,本课程基本研究方法及其发展概况。

2. 教学要求

了解本课程的性质、地位及研究对象,本课程基本研究方法及其发展概况。

(二)力学基本概念及结构计算简图

1. 教学内容

＊力及力系的基本概念以及力的基本性质；＊力对点之矩；＊力偶的概念及基本性质；刚体、变形体模型及杆件变形形式；

＊▲土木工程中常见的约束及约束反力；＊受力图的绘制；结构计算简图、简化原则及内容及工程实例；平面杆系结构的分类。

2. 教学要求

理解并记忆力、力偶的概念及其基本性质，掌握力矩、力偶矩的定义式及计算方法，能正确掌握并运用约束的性质，绘制物体的受力图，了解结构计算简图的简化原则及内容。

3. 作业建议

力矩 3～4 题，绘制受力图 5～6 题。

(三) 平面力系的平衡条件

1. 教学内容

平面汇交力系的合成与平衡条件；平面力偶系的合成与平衡条件；力作用线平移定理；＊平面力系的简化及其平衡条件；＊▲物体系统的平衡问题；静定结构与超静定结构的概念。

2. 教学要求

能灵活运用平面力系的平衡条件，准确、熟练地求解简单静定结构的约束反力，了解静定结构及超静定结构的概念。

3. 作业建议

平面汇交力系 2～3 题，平面力偶系 2～3 题，平面一般力系 8～10 题。

(四) 轴心拉(压)杆

1. 教学内容

轴心拉(压)杆变形；＊轴心拉(压)杆内力及轴力图。

2. 教学要求

能计算轴心拉(压)杆的轴力，并能正确绘制轴力图。

3. 作业建议

计算轴力并绘制轴力图 2～3 题。

(五) 静定梁内力计算

1. 教学内容

平面弯曲的概念；＊单跨静定梁的内力计算以及静力法绘制弯矩图和剪力图；＊▲简捷法绘制弯矩图和剪力图；叠加法绘制弯矩图和剪力图；多跨静定梁的内力图。

2. 教学要求

了解平面弯曲的概念，会求梁任意横截面的内力，掌握并利用内力图的几何特点绘制弯矩图和剪力图。

3. 作业建议

计算指定截面的内力 4～6 题，静力法 2～3 题，简捷法 6～8 题，叠加法 2～3 题，多跨静定梁 2～3 题。

(六) 静定平面刚架及桁架的内力计算

1. 教学内容

＊▲静定平面刚架常见类型及内力图；＊静定平面桁架的内力计算；静定结构的特性。

2. 教学要求

会用简捷法及区段叠加法作刚架在较简单荷载作用下的弯矩图、剪力图及轴力图，会判断桁架的零杆及等力杆，能用节点法和截面法求桁架内力。

3. 作业建议

刚架 4～6 题，桁架 3～4 题。

（七）轴心拉(压)杆的强度计算

1. 教学内容

＊轴心拉(压)杆横截面上的应力计算；变形及位移计算，拉压虎克定律；材料在拉伸和压缩时的力学性能；＊轴心拉(压)杆的强度条件及应用举例。

2. 教学要求

掌握轴心拉(压)杆的应力计算及强度计算，会用胡克定律计算拉(压)杆的变形。了解材料的力学性能。

3. 作业建议

应力计算 1～2 题，强度计算 3～4 题，变形计算 1 题。

（八）梁的应力及强度

1. 教学内容

＊梁平面弯曲时正应力计算；截面的几何性质；＊平面弯曲梁正应力强度条件及应用；平面弯曲梁剪应力计算，剪应力强度条件及应用；改善梁弯曲强度的措施。

2. 教学要求

会计算简单图形及简单组合图形的形心及主惯性矩，会计算平面弯曲梁的正应力及其强度，了解提高梁的弯曲强度的措施。

3. 作业建议

截面几何性质 2～3 题，正应力计算 2～3 题，正应力强度计算 3～4 题，剪应力强度计算 2～3 题。

（九）组合变形构件

1. 教学内容

组合变形构件工程实例；＊压弯组合变形构件的内力、应力及强度计算；截面核心的概念。

2. 教学要求

了解组合变形构件工程实例，会作单向偏心压缩构件的应力及强度计算，理解并记忆截面核心的概念。

3. 作业建议

应力计算 1～2 题，强度计算 2～3 题。

（十）静定结构位移计算及刚度条件

1. 教学内容

位移计算的目的及意义；＊▲图乘法计算梁及刚架的位移；支座移动时静定结构位移

计算；＊刚度条件及其计算举例。

2．教学要求

掌握梁及刚架的位移计算的图乘法，会对梁作刚度计算，了解静定结构在支座位移时的位移情况。

3．作业建议

梁的位移计算3~4题，刚架位移计算3~4题。

（十一）压杆稳定

1．教学内容

压杆稳定基本概念；＊细长杆临界压力及临界应力计算的欧拉公式。

2．教学要求

了解压杆稳定的基本概念，掌握细长压杆临界压力及临界应力计算的欧拉公式。

3．作业建议

欧拉公式临界应力的计算2题。

（十二）力法

1．教学内容

超静定结构概述；＊力法基本结构及超静定次数的确定；力法基本原理及力法典型方程；＊简单超静定结构的力法计算；＊▲结构对称性的利用。

2．教学要求

了解简单超静定结构超静定次数的确定，能用力法求解简单超静定结构的内力、支座反力，会利用结构对称性简化计算。

3．作业建议

梁2~3题，刚架2~3题，对称性2~3题。

（十三）弯矩分配法

1．教学内容

单跨超静定梁的形常数和载常数；＊力矩分配法有关基本概念；＊▲用力矩分配法计算连续梁和无侧移刚架。

2．教学要求

了解弯矩分配法的基本原理、相关概念，熟练掌握弯矩分配法，能求作连续梁及无侧移刚架的内力图。

3．作业建议

连续梁4~5题，刚架2~3题。

（十四）影响线及其应用

1．教学内容

影响线的概念；机动法绘制影响线；利用影响线求量值；＊最不利荷载位置的确定；简支梁的绝对最大弯矩的计算；连续梁的内力包络图。

2．教学要求

了解影响线的概念，会做简单梁的影响线，利用影响线确定结构的最不利荷载位置，了解连续梁的内力包络图的概念及绘制过程。

3．作业建议

绘制影响线 3~4 题，确定最不利位置 2 题。

四、课时分配

序号	教学内容	课时分配			
		总学时	理论教学	习题	实验
（一）	绪论	1	1		
（二）	力学基本概念及结构计算简图	7	5	2	
（三）	平面力系的平衡条件	18	10	8	
（四）	轴心拉（压）杆	4	4		
（五）	静定梁内力计算	12	8	4	
（六）	静定平面刚架及桁架的内力计算	14	10	4	
（七）	轴心拉（压）杆的强度计算	8	4		4
（八）	梁的应力及强度	12	8	2	2
（九）	组合变形构件	4	4		
（十）	静定结构位移计算及刚度条件	8	6	2	
（十一）	压杆稳定	4	4		
（十二）	力法	8	6	2	
（十三）	弯矩分配法	10	6	4	
（十四）	影响线及其应用	6	6		
机动		4	4		
合计		120	86	28	6

五、实践环节

1. 实验（6 学时），项目：轴心拉（压）实验、扭转实验、弯曲实验。
2. 综合性大作业，建议 2~3 次。

六、大纲说明

本大纲适用于三年制高职高专工程监理专业。

附注　执笔人：肖盛莲

3 建 筑 材 料

一、课程的性质与任务

本课程是工程监理专业的一门职业基础课程。本课程的基本教学内容是讲述常用建筑材料的品种、规格、技术性质、质量标准、检验方法、基本特点、应用范围和保管等方面的知识，为今后学习相关课程、从事与建筑相关的工作打下必备基础。

通过对本课程的学习，使学生能应用所学知识，正确、合理地选择建筑材料和使用常用建筑材料，并能够应用常用建筑材料的检验方法对建筑材料的质量进行判断，同时对新材料要具备认识和鉴别能力。

二、课程教学目标

（一）知识目标

1. 通过本课程的学习，使学生对建筑材料的品种、规格、技术性质、质量标准、检验方法、基本特点、应用范围和保管等方面知识有一个完整和较清楚的认识。

2. 能应用所学知识，正确合理地选择和使用常用建筑材料，并能较熟练地掌握常用建筑材料的检验方法。

（二）能力目标

1. 具有对常用建筑材料的技术性质进行检验的能力，并能够正确判断常用建筑材料的质量是否合格。

2. 能正确、合理地选择和使用各种建筑材料。

3. 具有根据相应标准进行材料验收的能力。

4. 具有对新材料进行再学习的能力。

（三）德育目标

1. 树立作为工程技术人员、工程管理人员应有的职业道德、敬业精神。

2. 培养科学的工作态度和严谨的工作作风，并具有环保意识和开拓精神。

三、课程内容及教学要求

（一）绪论

1. 主要内容

* 建筑材料的定义和分类；建筑材料在建筑工程中的地位；建筑材料的发展历史与发展方向。

2. 教学要求

了解建筑材料在建筑工程中的地位和作用，以及建筑材料的发展历史和发展方向，掌握建筑材料的定义和分类。

（二）建筑材料的基本性质

1. 教学内容

（1）材料的物理性质：＊材料的基本物性参数（实际密度、体积密度、堆积密度）；＊孔隙率；＊空隙率；材料与水有关的物理性质（亲水性与憎水性、＊吸水性、＊吸湿性、＊耐水性、抗渗性、抗冻性）；材料与热有关的物理性质（＊导热性和保温隔热性能、热容量）。

（2）材料的基本力学性质：＊强度及计算方法；弹性和塑性；脆性和韧性；硬度和耐磨性。

（3）材料的耐久性。

2. 教学要求

掌握材料的基本物性参数、孔隙率、空隙率、吸湿性、吸水性、耐水性、导热性和保温隔热性能以及材料的强度及计算方法，同时具有检验以上基本性质的试验能力；了解材料的亲水性和憎水性、抗冻性和抗渗性、弹性和塑性、脆性、韧性及耐久性。

3. 作业建议

本章需设计一定量的练习题，包括简述题和计算题，要求全面掌握建筑材料的各种基本性质。

（三）胶凝材料

1. 教学内容

＊胶凝材料的定义及其分类。

（1）气硬性胶凝材料：

＊石灰（石灰的生产，生石灰的熟化与硬化，石灰品种、特点与应用、储存）；石膏（建筑石膏的生产、＊特点与应用，高强石膏）；镁质胶凝材料；水玻璃。

（2）水硬性胶凝材料：

硅酸盐水泥：＊硅酸盐水泥的定义；生产工艺简述；▲水泥的凝结与硬化；＊水泥石的结构；＊硅酸盐水泥的技术性质、国家标准及检验方法；＊硅酸盐水泥的特点；水泥石的腐蚀及防止。

掺混合材料的硅酸盐水泥：＊混合材料的定义及分类（活性混合材料和非活性混合材料常用种类）；＊掺混合材料硅酸盐水泥品种（矿渣水泥、火山灰水泥、粉煤灰水泥、复合水泥、石灰石硅酸盐水泥）的定义、技术性质、国家标准及检验方法、各自特点及应用范围。

＊水泥的质量等级；＊水泥的验收与保管。

特性水泥与专用水泥：高铝水泥；快凝快硬水泥；膨胀水泥；中低热水泥；白色硅酸盐水泥；砌筑水泥；道路水泥。

2. 教学要求

理解石灰和建筑石膏的相关内容；掌握硅酸盐水泥熟料的矿物组成和硅酸盐水泥的定义、主要技术性质要求、国家标准的具体规定和检验方法，掌握掺混合材料的硅酸盐水泥的定义、主要技术性质要求和相应检验方法；能正确判断水泥的质量状况，能正确验收水泥和保管水泥；理解水泥石的腐蚀和所采取的防止方法；了解特性水泥和专用水泥。

3. 作业建议

本章是本课程的重点章节，需要设计适量思考题和练习题来加强学生掌握课程内容的程度。思考题建议覆盖全章内容；练习题应包括简答题、案例分析题和计算题，主要放在重点需要掌握的内容部分。

（四）普通混凝土及砂浆

1. 教学内容

（1）混凝土概述：*混凝土的定义、分类及特点。

（2）*普通混凝土的组成材料：普通混凝土组成材料（水泥、水、细骨料、粗骨料、外加剂、掺合料）的主要技术性质要求、▲检验方法及正确选用。

（3）*混凝土的技术性质：*混凝土拌合物和易性的定义、所包含的三方面内容、检验方法、坍落度的正确选择、影响和易性的主要因素以及提高和易性的主要措施；*硬化混凝土强度的定义、指标及其作用，立方体抗压强度的定义及检测方法、强度等级，▲混凝土的质量控制及合格性评定，影响强度的主要因素以及提高强度的主要措施；硬化混凝土变形性能的种类及产生原因；*硬化混凝土耐久性的定义、所包含的内容以及提高耐久性的措施。

（4）*普通混凝土配合比设计。

（5）其他混凝土品种：轻混凝土；防水混凝土；聚合物混凝土；纤维混凝土；泵送混凝土；喷射混凝土；商品混凝土；高强混凝土。

（6）建筑砂浆：建筑砂浆的组成与分类；砌筑砂浆的技术性质要求、配合比设计及应用；抹面砂浆。

2. 教学要求

掌握混凝土组成材料的主要技术性质要求、检验方法及正确选用。重点掌握混凝土各项技术性质的定义、检验方法、影响因素及提高措施。具备检验混凝土各组成材料及混凝土质量的能力。能设计出普通混凝土的配合比。同时也简单了解其他混凝土品种和建筑砂浆。

3. 作业建议

本章是本课程的重点章节，需要设计适量的思考题和练习题来加强学生掌握课程内容的程度。思考题建议覆盖全章内容；练习题应包括简答题、案例分析题和计算题，计算题应以混凝土配合比设计为主，练习题主要放在混凝土部分。

（五）建筑钢材

1. 教学内容

钢的冶炼、加工与分类；*▲建筑钢材的主要技术性能（力学性能、工艺性能及化学性能）；建筑钢材常用钢品种；*建筑中常用钢材品种；*钢筋混凝土用钢材的主要品种（热轧钢筋、冷加工钢筋、热处理钢筋、钢丝和钢绞线）。

2. 教学要求

重点掌握钢材的拉伸性能、冷弯性能、冷加工性能及时效处理。同时掌握建筑中常用钢筋的品种、规格、强度等级代号、技术性质要求及选用原则。了解钢的冶炼加工过程以及钢的分类和质量情况。能应用试验手段判断钢筋的强度等级。

3. 作业建议

本章应适量设计部分思考题和练习题，以帮助学生掌握主要内容。

(六) 墙体材料与屋面材料

1. 教学内容

(1) 墙体材料的分类；*砌墙砖的分类；*▲砌墙砖常用品种的主要技术性质要求、特点及应用；常用砌块种类、主要技术性质要求及应用；墙用板材的分类及应用。

(2) 屋面材料的主要种类及应用。

2. 教学要求

掌握烧结普通砖的主要技术性质要求（规格、强度等级、质量等级）及应用；了解砌块及墙用板材的主要种类及应用；了解屋面材料的大概情况。

3. 作业建议

本章可适量设计部分思考题和练习题。

(七) 防水材料

1. 教学内容

(1) 沥青及沥青防水制品：*石油沥青的分类、技术性质、牌号及质量标准；▲煤沥青的特性及鉴别方法；沥青防水卷材（纸胎油毡、玻璃布油毡、铝箔面油毡）；沥青胶（沥青玛琋脂、冷底子油、乳化沥青）。

(2) 改性沥青类防水制品：常用改性沥青防水卷材品种（SBS、APP 改性沥青防水卷材）、规格、主要特点及应用；改性沥青防水涂料。

(3) 有机高分子类防水材料：有机高分子防水卷材；复合高分子防水卷材；高分子嵌缝材料；聚氨酯防水涂料。

2. 教学要求

掌握石油沥青的技术性质、牌号及应用。同时对常用防水卷材和防水涂料品种有一定了解。

(八) 天然石材

1. 教学内容

建筑工程中常用的天然岩石种类、名称；*建筑中常用石材品种的名称及应用；*石材的正确选用原则。

2. 教学要求

了解建筑中常用天然岩石的种类和名称，掌握建筑中常用石材品种，同时能正确选择和合理应用各类石材。

(九) 木材

1. 教学内容

木材的分类；木材的基本宏观构造、物理力学性质；建筑工程中常用木材制品（木工板、胶合板、纤维板、刨花板、木丝板）的主要规格和应用。

2. 教学要求

了解木材的大概情况，能区分判断建筑工程中常用的木制品的种类，并能正确选用。

(十) 建筑塑料与建筑涂料

1. 教学内容

建筑塑料的组成、分类及各自特点；常用建筑塑料品种、特点及其应用；建筑涂料的组成、分类及各自特点；常用建筑涂料及其应用。

2. 教学要求

了解常用建筑塑料和建筑涂料，以及它们各自的应用。

(十一) 建筑装饰材料

1. 主要内容

建筑陶瓷；建筑玻璃；建筑装饰涂料；骨架材料；顶棚饰面材料；墙面装饰材料；地面装饰材料。

2. 教学要求

了解常用建筑装饰材料品种的名称、规格、主要质量标准、特点及应用。

四、课时分配

序 号	教学内容	课时分配		
		总学时	理论教学	实践教学(实验)
(一)	绪论	1	1	0
(二)	建筑材料的基本性质	3	3	
(三)	胶凝材料	14	8	6
(四)	普通混凝土及砂浆	14	10	4
(五)	建筑钢材	5	3	2
(六)	墙体材料与屋面材料	3	3	
(七)	防水材料	4	4	
(八)	天然石材	1	1	
(九)	木材	1	1	
(十)	建筑塑料与建筑涂料	2	2	
(十一)	建筑装饰材料	2	2	
	合 计	50	38	12

五、实践环节

(一) 实验(12学时)

试验一 水泥试验

1. 水泥细度、标准稠度用水量、体积安全性、凝结时间测定。
2. 水泥胶砂强度测定，判断水泥强度等级。

试验二 混凝土骨料试验

砂石表观密度、堆积密度、空隙率及含水率的测定，砂石的筛分析试验。

试验三 混凝土拌合物试验

1. 混凝土拌合物流动性的测定(坍落度法)。
2. 混凝土拌合物湿表观密度的测定。

试验四 硬化混凝土强度试验

1. 混凝土试件的制作和标准养护。
2. 混凝土立方体抗压强度的测定，判断混凝土的强度等级。

试验五　砌筑砂浆试验

1. 砂浆稠度和分层度测定。

2. 砌筑砂浆立方体抗压强度的测定。

试验六　烧结普通砖试验

1. 砖的尺寸测量，外观质量检查，判断砖的质量等级。

2. 砖的抗压强度测定，判断砖的强度等级。

试验七　钢筋试验

1. 钢筋的拉伸性能试验：测定屈服强度、抗拉强度及伸长率。

2. 钢筋的冷弯试验。

3. 确定钢筋的强度等级。

（二）教学参观

通过直观观察，对常用建筑材料建立起直观的感性认识。

六、大纲说明

（一）本大纲适用于三年制高职高专工程监理专业。

（二）教学方法建议根据本专业的特点，采用理论联系实际的教学方法，将教学参观安排在理论课之前或中间，并多采用实物及多媒体教学图片手段。使学生对建筑材料有一个全面的认识。

附注　执笔人：王陵茵

4 建筑工程测量

一、课程的性质和任务

本课程是工程监理专业的一门重要的职业基础课程。通过本课程的学习使学生了解测量的基本概念、基本理论、基本知识；掌握测量仪器的构造和使用；了解小面积大比例尺地形图的测绘方法；在施工场地上能进行建筑物、构筑物以及道路管线的定位、放线和找平工作；学生毕业后基本上能从事一般工程建设中的测量。

二、课程教学目标

（一）知识目标

让学生了解测量的基本概念，掌握测量的三项基本要素，掌握控制测量基本方法，掌握施工放样的基本方法，掌握建筑工程施工测量的基本方法。

（二）能力目标

培养学生进行现场施工放样的基本能力。

（三）德育目标

结合测量实习培养学生吃苦耐劳的精神。

三、课程内容及教学要求

（一）绪论

1. 主要内容

测量学的任务及其在工程建设中的作用；＊测量工作的实质及地面点位置的确定；测量工作概述。

2. 教学要求

（1）了解测量学的主要任务和分类；

（2）领会测量学在建筑工程中的作用；

（3）了解高程、高差、大地水准面的概念；

（4）掌握测量平面直角坐标系与数平面直角坐标系的区别，以及高斯克吕格坐标系统；

（5）领会确定地面点的三个基本要素和测量的三项基本工作。

（二）水准测量

1. 主要内容

水准测量的原理；水准仪、水准标尺和尺垫；水准仪的构造和使用；水准测量和水准测量成果的计算；▲微倾或水准仪的检验和校正；自动安平水准仪的简介。

2. 教学要求

(1) 领会水准测量的原理；
(2) 了解水准仪的构造并掌握水准仪的使用；
(3) 会进行普通水准测量，三、四等水准测量，并对其进行计算；
(4) 了解水准仪的检校方法。
3. 作业建议
水准测量的计算。
（三）角度测量
1. 主要内容
角度测量的原理；光学经纬仪的构造和使用；＊水平角测量的方法；＊竖直角测量的方法；▲经纬仪的检验和校正；激光经纬仪的简介。
2. 教学要求
(1) 领会水准仪测量的原理；
(2) 了解光学经纬仪的构造及各部件的作用；
(3) 掌握水平角和竖直角的测量方法；
(4) 领会经纬仪各轴线之间的关系和经纬仪的检验和校正。
3. 作业建议
角度测量的计算。
（四）距离丈量和直线定向
1. 主要内容
距离丈量的工具；＊直线定线；＊钢尺量距的一般方法；钢尺检定；▲钢尺的精密方法；＊直线定向；光电测量仪简介。
2. 教学要求
(1) 了解距离丈量常用的工具是钢尺、皮尺、标杆等；
(2) 会用经纬仪进行直线定向；
(3) 会用钢尺量距；
(4) 掌握钢尺量距的成果计算的方法。
3. 作业建议
精密钢尺量距的计算。
（五）测量误差的基本知识
1. 主要内容
＊测量误差的来源、分类及性质；衡量精度的标准；▲观测值及算术平均值的中误差。
2. 教学要求
(1) 了解误差的来源、分类及性能；
(2) 衡量精度的标准；
(3) 了解观测值及算术平均值的中误差的计算。
（六）小地区控制测量
1. 主要内容
控制测量的概述；＊导线测量的外业工作；＊导线的内业计算；导线的联结测量。角度交汇；＊三、四等水准测量。

2．教学要求

（1）掌握导线的外业工作；

（2）掌握导线的内业计算；

（3）了解导线的联结测量；

（4）了解角度交汇；

（5）掌握三、四等水准测量。

3．作业建议

导线测量的计算。

（七）地形图的基本知识

1．主要内容

地形图的概述；＊地形图比例尺；＊地形图图式。

2．教学要求

（1）了解地形图的概念；

（2）领会地形图比例尺和地形图比例尺精度；

（3）了解地形图的分幅、编号和图廓；

（4）掌握一般的地物符号和地貌符号的绘制方法；

（5）了解等高线的含义及特点。

（八）地形图的测绘与应用

1．主要内容

视距测量的原理和计算方法；碎部测量的基本方法；＊地形图的绘制；地形图的应用。

2．教学要求

（1）领会视距测量的原理；

（2）会进行地形图的测绘。

3．作业建议

能进行经纬仪测图。

（九）工程放样的基本方法

1．主要内容

＊放样的基本工作；＊平面点位的放样。

2．教学要求

（1）掌握放样的基本工作；

（2）掌握平面点位放样的方法。

（十）建筑工程施工测量

1．主要内容

施工测量概述；＊施工测量的基本工作；＊施工测量的基本方法；▲建筑场地上的施工控制测量；＊▲民用和工业建筑物的定位和放线；＊▲建筑施工过程中的测量工作；＊结构安装测量；建筑物的沉降观测；竣工总平面图的编绘。

2．教学要求

(1) 领会施工测量的基本概念；

(2) 掌握施工测量的基本方法；

(3) 会进行民用和工业建筑物的定位、放线和找平。

3．作业建议

进行现场参观。

（十一）道路及管线工程测量

1．教学内容

道路及管线工程测量概述；＊道路工程测量；＊管线工程测量。

2．教学要求

(1) 了解道路及管线工程测量的概念；

(2) 能进行道路、管线的施工测量。

四、课时分配

序号	内容	课时分配		
		总学时	理论教学	实践教学
（一）	绪论	1	1	
（二）	水准测量	12	6	6
（三）	角度测量	12	6	6
（四）	距离丈量和直线定向	4	2	2
（五）	测量误差的基本知识	1	1	
（六）	小地区控制测量	2	2	
（七）	地形图的基本知识	2	2	
（八）	地形图的测绘与应用	6	4	2
（九）	工程放样的基本方法	4	2	2
（十）	建筑工程施工测量	14	10	4
（十一）	道路及管线工程测量	2	2	
	机动			
	合计	60	38	22

五、实践环节

（一）实验

1．水准测量

(1) 水准仪认识及使用　　　　2学时

(2) 闭合水准线路测量　　　　2学时

(3) 微倾水准仪检校　　　　　2学时

2．角度测量

(1) 经纬仪的认识及使用　　　2学时

(2) 角度测量　　　　　　　　2学时

（3）经纬仪检校　　　　　　　　　2学时
3. 距离测量及直线定向
钢尺一般量距　　　　　　　　　　2学时
4. 地形图的测绘
大平板仪测绘地形图　　　　　　　2学时
5. 工程放样方法　　　　　　　　　2学时
6. 建筑工程施工测量
（1）民用建筑测量　　　　　　　　2学时
（2）工业建筑测量　　　　　　　　2学时
（二）教学参观
安排现场参观　　　　　　　　　　2学时
（三）技能训练

培养学生的使用仪器能力，培养学生应用测量仪器的能力，培养学生进行现场施工放样的能力。

六、大纲说明

（一）大纲适用范围

本大纲适用于三年制高职高专工程监理专业。

（二）其他说明

本课程实践性强，为培养和提高学生的动手能力，教学环节宜采用讲课、课内操作实践及辅导、课外习题与练习等基本环节。有关建筑施工测量的某些内容，可根据施工场地情况安排现场教学。

附注　执笔人：樊正林

5 房屋构造

一、课程的性质和任务

该课程是工程监理专业的一门重要职业基础课程。通过学习使学生了解建筑的基本组成、分类和分级,理解建筑构造设计的基本原则,掌握建筑构造组成和一般作法,培养施工图设计和识图的能力,为后续专业课程的学习打下基础。

二、课程教学目标

(一)知识目标

1. 了解建筑的基本组成、分类和分级。
2. 理解和掌握建筑构造的基本原理和构造作法。
3. 掌握建筑构造设计的内容、步骤和设计方法。
4. 提高绘制与识读建筑施工图的能力。

(二)能力目标

1. 具有认真执行国家建筑设计规范的能力。
2. 能根据功能要求,确定恰当的装饰构造作法。
3. 学会查阅技术资料,解决实际问题。
4. 具有绘制与识读建筑施工图能力。

(三)德育目标

1. 培养学生良好的职业道德。
2. 培养学生独立、严谨的工作作风。

三、课程内容及教学要求

(一)绪论

1. 主要内容

(1)房屋构造概述;

(2)＊建筑的构成要素、分类与分级;

(3)＊▲建筑模数协调统一标准;

(4)建筑设计的内容、程序和依据。

2. 教学要求

(1)了解房屋建筑学课程的内容、性质和学习方法;

(2)掌握建筑的构成要素、分类与分级;

(3)理解和掌握建筑模数协调统一标准;

(4)了解建筑设计的内容、程序和依据。

3．作业建议

教学参观、识读或抄绘有关施工图。

（二）民用建筑构造概述

1．主要内容

(1) *建筑物的构造组成；

(2) 影响建筑构造的因素及构造设计原则；

(3) *定位轴线及其编号原则。

2．教学要求

(1) 了解建筑物的构造组成；

(2) 理解构造设计原则和影响建筑构造的因素；

(3) 掌握定位轴线及其编号原则。

3．作业建议

(1) 参观一幢建筑物，了解其构造组成；

(2) 完成建筑平面图并编注定位轴线。

（三）基础和地下室

1．主要内容

(1) 地基与基础的基本概念；

(2) 基础的类型及构造。

2．教学要求

(1) 了解地基与基础的基本概念；

(2) 掌握基础的类型及构造。

3．作业建议

识读基础构造详图。

（四）墙体

1．主要内容

(1) 墙体的类型和设计要求；

(2) *砖墙构造；

(3) 砌块墙构造；

(4) *隔墙构造；

(5) *墙面装修。

2．教学要求

(1) 了解墙体的类型和设计要求；

(2) 掌握基础的类型及构造；

(3) 掌握砖墙构造、隔墙构造；

(4) 掌握墙面装修的分类与构造作法。

3．作业建议

识读并绘制墙身详图。

（五）楼地层

1．主要内容

(1) 楼地层的设计要求和构造组成;

(2) 钢筋混凝土楼板;

(3) *楼地面构造;

(4) *顶棚构造;

(5) 阳台与雨篷构造。

2. 教学要求

(1) 了解楼地层的设计要求和构造组成;

(2) 掌握钢筋混凝土楼板的类型、构造特点;

(3) 掌握楼地面构造作法;

(4) 掌握顶棚分类及构造作法;

(5) 了解阳台与雨篷构造。

3. 作业建议

识读并绘制构造详图。

(六) 楼梯及其他垂直交通设施

1. 主要内容

(1) *▲楼梯的尺度及设计;

(2) *现浇钢筋混凝土楼梯构造;

(3) *预制装配式钢筋混凝土楼梯构造;

(4) *楼梯细部构造;

(5) 电梯与自动扶梯。

2. 教学要求

(1) 了解楼梯的组成及类型;

(2) 掌握现浇及预制装配式钢筋混凝土楼梯构造;

(3) 掌握楼梯细部的构造作法;

(4) 了解室外台阶与坡道构造;

(5) 了解电梯与自动扶梯构造特点。

3. 作业建议

识读并绘制楼梯施工图详图。

(七) 屋顶

1. 主要内容

(1) 屋面概述;

(2) *屋面排水设计;

(3) *▲平屋顶防水屋面;

(4) *平屋顶的保温与隔热;

(5) 坡屋顶防水屋面;

(6) 坡屋顶的保温与隔热。

2. 教学要求

(1) 了解屋面类型、设计要求;

(2) 掌握屋面排水设计的设计要求;

(3) 掌握平屋顶防水屋面的设计要求、构造作法；
(4) 了解平屋顶的保温与隔热的基本作法；
(5) 了解坡屋顶的基本构造。

3. 作业建议

识读并绘制屋顶平面图及有关详图。

(八) 门与窗

1. 主要内容

(1) 门窗的形式与尺度；
(2) 木门窗构造；
(3) 金属及塑料门窗构造。

2. 教学要求

(1) 了解门窗的形式与尺度；
(2) 掌握木门窗构造；
(3) 掌握金属及塑料门窗构造。

3. 作业建议

识读并绘制门窗详图。

(九) 工业建筑概述

1. 主要内容

(1) 工业建筑的特点与分类；
(2) 工业建筑的设计要求；
(3) ＊▲单层厂房定位轴线。

2. 教学要求

(1) 了解工业建筑的特点与分类；
(2) 理解工业建筑的设计要求；
(3) 掌握单层厂房定位轴线确定的原则。

3. 作业建议

参观工业厂房建筑。

(十) 单层厂房构造

1. 主要内容

(1) ＊单层厂房构造组成；
(2) ＊单层厂房承重结构；
(3) ＊屋面构造；
(4) ＊天窗构造；
(5) ＊外墙构造；
(6) ＊侧窗与大门构造；
(7) ＊地面及其他构造。

2. 教学要求

(1) 掌握单层厂房构造组成；
(2) 掌握单层厂房承重结构构件的分类、连结方法；

(3) 掌握单层厂房屋面构造、天窗构造、外墙构造；

(4) 了解单层厂房侧窗、大门、地面及其他构造。

3. 作业建议

识读单层厂房构造详图。

四、课时分配

序 号	课程内容	课时分配		
		总学时	理论教学	实践教学
（一）	绪论	4	4	
（二）	民用建筑构造概述	4	4	
（三）	基础和地下室	4	4	
（四）	墙体	11	7	4
（五）	楼地层	8	6	2
（六）	楼梯及其他垂直交通设施	10	8	2
（七）	屋顶	8	6	2
（八）	门与窗	6	4	2
（九）	工业建筑概述	3	3	
（十）	单层厂房构造	10	8	2
	机动	2	2	
	合计	70	56	14

五、实践环节

（一）参观教学

参观建筑物或施工现场。

（二）技能训练

识读或绘制建筑施工图。

（三）识读建筑配件标准图

（四）课程设计

课程设计共两周，项目：

1. 民用建筑构造设计；

2. 工业建筑构造设计。

六、大纲说明

1. 本大纲适用于三年制高职高专工程监理专业。

2. 本课程应尽量采用多媒体课件教学。

附注 执笔人：张 莉

6 建 筑 设 备

一、课程的性质与任务

建筑设备是工程监理专业的职业基础课程。其主要任务是通过本课程的学习使学生掌握水电制图与识图、建筑设备的使用方法及管道与电气的施工方法，为将来从事工程监理工作打好基础。

二、课程教学目标

（一）知识目标
1. 了解各类建筑设备的工作原理、各组成的基本作用。
2. 掌握各类管线的布置方法及敷设方式、水电制图与识图的基础知识。
3. 熟练掌握水管、电线的安装程序及方法。

（二）能力目标
1. 能熟练识读水电施工图；具有依据简单水电施工图组织施工的能力。
2. 具有根据实际情况布置管线的能力。

（三）德育目标
1. 树立爱岗敬业的思想，自觉遵守职业道德行业规范。
2. 培养学生专业兴趣和工作热情。

三、课程内容及教学安排

（一）绪论
1. 主要内容
课程的研究对象和任务；＊建筑设备的概念；建筑设备与其他相关课程的关系。
2. 教学要求
了解建筑设备的概念，建筑设备与相关课程的关系。
（二）建筑给排水
1. 主要内容
＊室内给水系统的组成与分类；＊▲室内给水方式；给水常用管材、附件；＊水表；水泵、＊水箱；＊▲室内给水管道的布置和敷设；室内热水供应系统的工作原理；▲热水管道的布置与敷设；＊普消系统的组成及工作原理；▲自消系统的组成及工作原理；＊▲室内排水系统的分类及组成；卫生器具的分类及设置标准；＊▲常用卫生器具的安装方法；室内排水管道的布置与敷设方式。
2. 教学要求
（1）了解室内给排水系统、消防给水系统、热水供应系统的分类方法；水泵的构造及工作原理。

(2) 掌握给排水系统、消防给水系统、热水供应系统的组成；水箱的配管；各类系统常用管材的特性及选用方法。

(3) 熟练掌握室内给水管道、排水管道、热功当量水管道的布置及安装方法；*▲常用卫生器具的安装方式与程序、质量控制要点；高层建筑给排水的特点及管道布置要求。

3. 作业建议

(1) 针对各类给水、排水系统的组成出练习题。

(2) 根据施工图中建筑的用途布置管道及卫生器具。

(三) 室内给排水施工图

1. 主要内容

给排水制图的基本知识*给排水施工图的组成；*各类图纸的作用；*▲施工图的识读。

2. 教学要求

(1) 了解给排水施工图的制图原理。

(2) 熟练掌握施工图的组成、作用及识读方法。

(3) 具有识读施工图的能力和根据施工图提出材料计划的能力。

3. 作业建议

根据施工图提材料计划。

(四) 采暖、通风与空调

1. 主要内容

采暖系统的分类与组成；*采暖管道的布置与敷设；散热器；*通风的方式及分类；通风的附属设备；*▲高层建筑防烟、排烟；*空调系统的分类；空调系统的主要设备；*▲暖通施工图；*管道的布置及敷设。

2. 教学要求

(1) 了解采暖系统的分类及组成、散热器的种类；空气处理设备。

(2) 掌握通风、空调系统的分类及组成；高层建筑的防烟、排烟系统；各类风管的布置与敷设。

(3) 具有识读暖通施工图的能力。

3. 作业建议

(1) 根据暖通系统的分类组成作练习题。

(2) 识读暖通施工图。

(五) 电气设备

1. 主要内容

电气设备与建筑装饰的关系；电气设备的构成；▲照明光源与灯具布置；*▲室内装饰照明、立面照明；*▲照明配电系统；*▲电气安全；*▲电气施工图。

2. 教学要求

(1) 了解电气施工图的制图原理。

(2) 掌握照明光源与灯具布置，照明配电系统。

(3) 熟练掌握电气安全；电气施工图。

3. 作业建议

(1) 针对电气安全知识、照明配电系统进行练习。

(2) 识读施工图并根据施工图提出材料计划。

(六) 施工现场临时用电

1. 主要内容

施工现场用电的特点与要求；* 临时用电的组成；施工用电的负荷计算；*▲施工用电的安全检查。

2. 教学要求

(1) 了解施工用电的特点、施工用的负荷计算方法。

(2) 施工现场用电的要求及安全检查。

四、课时分配

序 号	课 程 内 容	课 时 分 配			
		总学时	讲 课	实 验	习题(识图)
(一)	绪论	1	1		
(二)	建筑给排水	11	7	2	2
(三)	室内给排水施工图	6	4		2
(四)	采暖、通风与空调	8	6		2
(五)	电气设备	20	16	2	2
(六)	施工现场临时用电	4	3		1
	合　　计	50	37	4	9

五、实践环节

1. 本课程是务实性的课程，在教学过程中应选择有代表性的设备施工图进行讲解和供学生识读。

2. 建议组织学生到施工现场进行参观以增强学生的感性认识。

3. 水力学和电工实验。

六、大纲说明

(一) 本大纲适用于三年制高职高专工程监理专业。

(二) 其他说明

1. 本课程的特点：综合性、实践性、规范性较强。

2. 本课程的实践性教学中应注重培养学生的动手能力和识图能力。

3. 建议教学中以室内给排水、电气照明等为重点内容。

附注　执笔人：戴安全

7 建 筑 结 构

一、课程的性质与任务

建筑结构是工程监理专业的职业基础课程。它包括钢筋混凝土结构、砌体结构、钢结构和建筑结构抗震设计基本知识四个方面内容。其任务是让学生具有在工程实际中分析和解决一般结构问题的能力，具有对一般结构、构件进行设计计算的能力，具有正确理解和运用结构设计和规范的能力，为将来从事本专业的工作奠定良好基础。

二、课程教学目标

（一）知识目标

通过本课程的学习，掌握建筑结构所用材料的种类、材性；掌握建筑结构的构造知识，包括抗震构造知识；掌握一般建筑结构构件（或连接）的设计方法；掌握多层砌体结构、多层钢筋混凝土框架结构的设计方法；了解钢筋混凝土单层工业厂房的设计原理和方法步骤。

（二）能力目标

1. 通过本课程的学习，具有进行一般建筑结构构件（受弯、受拉、受压构件）截面设计与承载力复核的能力。

2. 通过本课程的学习，具有一般多层砌体结构设计的能力。

3. 通过本课程的学习，具有分析和处理实际施工过程中遇到的一般结构问题的能力。

4. 通过本课程的学习，具有正确识读建筑结构施工图的能力。

（三）德育目标

1. 在教学过程中，运用各种手段密切联系工程实际，激发学生的求知欲望，培养学生科学严谨的工作态度和创造性工作能力。

2. 培养学生热爱专业，热爱本职工作的精神。

3. 培养学生一丝不苟的学习态度和工作作风。

三、课程内容及教学要求

（一）绪论

1. 主要内容

建筑结构的类型；各类结构的优缺点及其应用和发展简况；本课程的学习方法和需要注意的问题。

2. 教学要求

理解各类建筑结构的概念及其应用范围。了解建筑结构学习方法。

（二）钢筋和混凝土材料的力学性能

1. 主要内容

＊混凝土的强度指标(混凝土的立方体抗压强度，混凝土轴心抗压强度，混凝土轴心抗拉强度)；＊混凝土的变形(混凝土的弹性模量和变形模量，混凝土的收缩与徐变)；钢筋的化学成分；＊钢筋的种类；＊钢筋的力学性能；钢筋的弹性模量；▲钢筋与混凝土的粘结；＊钢筋的弯钩。

2. 教学要求

理解混凝土的各项力学指标。了解混凝土的变形、收缩、徐变和钢筋的力学性能，钢筋的接头和弯钩的构造要求。

(三) 钢筋混凝土结构的设计方法

1. 主要内容

结构的功能；结构功能的极限状态；▲结构上的作用、作用效应和结构抗力；＊▲概率极限状态设计法实用设计表达式。

2. 教学要求

理解结构的功能及其极限状态的含义。能正确应用极限状态实用设计表达式。

3. 作业建议

运用概率极限状态实用设计表达式的计算习题。

(四) 受弯构件正截面承载力计算

1. 主要内容

＊梁、板的基本构造要求；▲梁正截面破坏形态；＊▲单筋矩形梁正截面承载力计算；＊单筋T形截面梁正截面承载力计算。

2. 教学要求

理解梁、板的基本构造要求；理解受弯构件正截面破坏特征；掌握单筋矩形梁和单筋T形梁正截面承载力计算公式、计算方法及步骤。

3. 作业建议

单筋矩形截面、T形截面受弯构件正截面设计与承载力复核习题。

(五) 受弯构件斜截面承载力计算

1. 主要内容

梁的斜截面受剪破坏形态；＊梁斜截面受剪承载力计算；▲保证斜截面受弯承载力的构造措施。

2. 教学要求

理解斜截面受剪破坏特征；掌握单筋矩形梁和单筋T形梁斜截面承载力计算方法和步骤；了解纵向钢筋的截断与弯起的构造要求。

3. 作业建议

单筋矩形截面梁在均布荷载和集中荷载作用下斜截面承载力计算习题。

(六) 受扭构件承载力计算

1. 主要内容

受扭构件的破坏特征；▲受扭构件的承载力计算；＊受扭构件的构造要求。

2. 教学要求

理解钢筋混凝土受扭构件的破坏特征；理解钢筋混凝土受扭构件的一般构造要求；了

解受扭构件的承载力计算方法。

（七）受压及受拉构件承载力计算

1. 主要内容

＊轴心受压构件承载力计算；＊▲偏心受压构件正截面承载力计算；偏心受压构件斜截面承载力计算；＊受压构件的构造要求；轴心受拉构件承载力计算；偏心受拉构件正截面承载力计算及偏心受拉构件斜截面承载力计算。

2. 教学要求

掌握偏心受压构件的破坏特征。掌握轴心受压构件及对称配筋偏心受压构件计算方法。理解受压构件的主要构造要求。了解轴心受拉及偏心受拉构件的计算方法及构造措施。

3. 作业建议

轴心受压及对称配筋偏心受压构件正截面承载力计算习题。

（八）钢筋混凝土构件的变形和裂缝宽度验算

1. 主要内容

＊受弯构件的变形验算；＊受弯构件及轴心受拉构件裂缝宽度计算。

2. 教学要求

掌握受弯构件变形验算方法以及减小构件变形的措施。掌握裂缝宽度的计算方法以及减小裂缝宽度的措施。

3. 作业建议

受弯构件变形及裂缝宽度验算习题。

（九）预应力混凝土的基本知识

1. 主要内容

＊预应力混凝土的基本概念；＊▲施加预应力的方法；预应力混凝土材料；▲张拉控制应力；▲预应力损失；＊预应力混凝土构件的一般构造要求。

2. 教学要求

掌握预应力混凝土的基本概念，先张法及后张法的概念，张拉控制应力的概念；了解预应力混凝土对材料的要求；理解预应力损失的概念、种类及减小预应力损失的措施；理解预应力混凝土构件的一般构造要求。

（十）梁板结构

1. 主要内容

＊▲现浇整体式单向板肋梁楼盖；▲现浇整体式双向板肋梁楼盖；装配式楼盖；▲楼梯及雨篷。

2. 教学要求

掌握现浇单向板肋梁楼盖的内力计算及结构设计方法；理解楼梯及雨篷的内力计算及结构设计方法；理解现浇整体式楼盖；楼梯、雨篷的一般构造要求；理解装配式楼盖构件类型及连接构造；了解双向板肋梁楼盖的内力计算及设计方法。

（十一）单层工业厂房

1. 主要内容

＊单层厂房的结构组成及受力特点；单层厂房构件类型；支撑系统；牛腿的受力特

点；单层厂房的一般构造要求。

2. 教学要求

掌握单层厂房的结构组成及受力特点；理解支撑系统的作用、种类、布置位置和布置原则；理解单层厂房的构件类型及单层厂房的一般构造要求；能正确识读预制构件的模板图及配筋图。

（十二）多层与高层房屋

1. 主要内容

＊多层及高层房屋的结构体系；框架结构；框架—剪力墙结构；剪力墙结构；＊▲混凝土结构平面整体表示方法制图规则。

2. 教学要求

掌握多层及高层房屋的常用结构体系；理解现浇框架、剪力墙以及框架—剪力墙结构的受力特点及构造要求；理解梁、柱、墙平法施工图的制图规则。

（十三）砌体材料及其力学性能

1. 主要内容

砌体的材料；砌体的种类；＊砌体的受压性能；砌体的轴心受拉、弯曲受拉和受剪性能；砌体的弹性模量。

2. 教学要求

了解砌体的种类和砌体轴心受拉、弯曲受拉和受剪性能；掌握砌体的受压性能、影响砌体抗压强度的因素；能正确查取砌体强度标准值、设计值。

（十四）砌体结构构件的承载力计算

1. 主要内容

概率极限状态设计法及承载能力设计表达式；＊砌体构件受压承载力计算；＊砌体局部均匀受压；＊▲梁端支承处砌体局部受压；刚性垫块下砌体局部受压；轴心受拉、弯曲受拉、受剪构件的计算；配筋砌体承载力计算。

2. 教学要求

掌握砌体构件受压承载力验算方法、梁端支承处砌体局部受压力承载力验算方法；理解刚性垫块下砌体局部受压承载力计算方法；了解配筋砌体的承载力计算方法及构造要求。

3. 作业建议

砌体构件受压承载力计算及砌体局部受压承载力计算习题。

（十五）砌体结构房屋的墙体验算

1. 主要内容

＊砌体结构房屋结构布置；▲房屋的静力计算方案；＊墙、柱的高厚比验算；单层房屋的墙体计算；▲多层房屋的墙体计算。

2. 教学要求

掌握砌体房屋的结构平面布置方案；理解静力计算方案的概念；掌握墙、柱的高厚比验算的目的和方法；理解多层刚性方案房屋的墙体验算方法。

（十六）砌体结构墙体中的过梁、挑梁、墙梁

1. 主要内容

＊过梁的类型、构造及受力特点；▲墙梁的受力性能和破坏形态；＊墙梁的构造要求；挑梁的受力特点及构造要求。

2．教学要求

理解过梁、墙梁、挑梁的受力性能及破坏形态；理解过梁、挑梁、墙梁一般构造要求。

（十七）砌体结构的构造要求

1．主要内容

＊墙、柱的一般构造要求；＊圈梁；墙体开裂的原因及防止措施。

2．教学要求

理解墙体的一般构造要求、圈梁的作用及其布置原则；了解墙体开裂的原因及防止措施。

（十八）建筑钢材

1．主要内容

＊建筑钢材的主要机械性能；建筑钢材的两种破坏形式；＊影响钢材性能的主要因素。

2．教学要求

了解钢材种类、规格及选用；理解影响钢材性能的主要因素。

（十九）钢结构连接

1．主要内容

＊焊缝连接与螺栓连接计算；焊接残余变形与残余应力。

2．教学要求

了解钢结构焊接与螺栓连接的原理；掌握焊缝的种类及表示方法；理解焊接连接及螺栓连接的一般构造要求；掌握焊接及螺栓连接的计算方法；了解焊接变形与焊接应力的概念、减小残余变形的措施。

3．作业建议

普通、高强螺栓连接及焊接连接的计算习题。

（二十）轴心受力构件

1．主要内容

＊▲实腹式及格构式轴压柱整体稳定与局部稳定；▲实腹式及格构式轴压柱截面设计；梁与柱的连接构造；＊柱头及柱脚的构造。

2．教学要求

掌握轴压柱的整体稳定与局部稳定的概念；掌握轴压柱稳定性验算方法；了解柱与梁的连接构造要求；理解柱头及柱脚的构造要求。

（二十一）梁

1．主要内容

梁的受力及破坏形态；＊梁的强度、刚度、整体稳定性；▲型钢梁设计方法；▲组合钢梁设计方法。

2．教学要求

了解钢梁的受力及破坏形态；掌握钢梁的强度、刚度、稳定性验算方法；了解型钢梁及组合梁的设计方法。

3. 作业建议

梁的稳定性验算习题。

(二十二) 拉弯与压弯构件

1. 主要内容

＊拉、压弯构件的承载力与刚度计算；▲压弯构件的整体稳定与局部稳定。

2. 教学要求

理解拉弯、压弯构件承载力与刚度的概念及验算方法；了解压弯构件整体与局部稳定的概念。

(二十三) 钢屋盖

1. 主要内容

＊钢屋盖结构的形式、组成；＊钢屋盖支撑系统；＊钢结构施工图；＊轻型钢屋架。

2. 教学要求

理解钢屋盖结构的形式、组成；理解屋盖支撑系统的类型及布置原则；理解钢屋盖的一般构造要求；掌握钢结构施工图包含的内容及识读方法；了解轻型钢屋架的应用及一般构造。

(二十四) 建筑抗震设计原则

1. 主要内容

构造地震、地震波；震级、烈度；＊建筑的分类；＊抗震设防标准及目标；地震破坏现象；＊建筑抗震概念设计的要求。

2. 教学要求

理解构造地震、震级、地震烈度、基本烈度、抗震设防烈度等概念；理解建筑抗震设防分类、标准及目标；掌握建筑抗震概念设计的要求；了解地震的破坏现象。

(二十五) 场地与地基

1. 主要内容

＊场地；＊场地土的液化；＊▲地基抗液化措施。

2. 教学要求

掌握场地类型划分；理解场地土液化的概念及抗液化措施。

(二十六) 多层砌体结构房屋的抗震知识

1. 主要内容

震害特点；＊抗震设计一般规定；＊抗震构造措施。

2. 教学要求

了解震害特点，理解抗震构造措施。

(二十七) 钢筋混凝土框架结构的抗震知识

1. 主要内容

震害特点；＊抗震设计一般规定；＊抗震构造措施。

2. 教学要求

了解震害特点，理解抗震构造措施。

(二十八) 钢筋混凝土排架结构的抗震知识

1. 主要内容

震害特点；*抗震设计一般规定；*抗震构造措施。

2. 教学要求

了解震害特点，理解抗震构造措施。

四、课时分配

序 号	内 容	课 时 分 配		
		总学时	理论教学	实践教学
（一）	绪论	1	1	
（二）	钢筋和混凝土材料的力学性能	2	2	
（三）	钢筋混凝土结构的设计方法	3	3	
（四）	受弯构件正截面承载力计算	12	10	2
（五）	受弯构件斜截面承载力计算	6	4	2
（六）	受扭构件承载力计算	2	2	
（七）	受压及受拉构件承载力计算	10	8	2
（八）	钢筋混凝土构件的变形和裂缝宽度验算	3	3	
（九）	预应力混凝土的基本知识	4	4	
（十）	梁板结构	14	14	
（十一）	单层工业厂房	4	4	
（十二）	多层与高层房屋	9	9	
（十三）	砌体材料及其力学性能	3	3	
（十四）	砌体结构构件的承载力计算	7	5	2
（十五）	砌体结构房屋的墙体验算	4	4	
（十六）	砌体结构中的过梁、挑梁、墙梁	3	3	
（十七）	砌体结构的构造要求	4	4	
（十八）	建筑钢材	2	2	
（十九）	钢结构连接	8	6	2
（二十）	轴心受力构件	3	3	
（二十一）	梁	4	4	
（二十二）	拉弯与压弯构件	1	1	
（二十三）	钢屋盖	5	5	
（二十四）	建筑抗震设计原则	4	4	
（二十五）	场地与地基	3	3	
（二十六）	多层砌体结构房屋的抗震知识	3	3	
（二十七）	钢筋混凝土框架结构的抗震知识	4	4	
（二十八）	钢筋混凝土排架结构的抗震知识	2	2	
	合　　计	130	120	10

五、实践环节

本课程的课程设计包括以下内容:
1. 现浇钢筋混凝土肋形楼盖课程设计。
2. 多层砌体结构课程设计。

六、大纲说明

大纲适用于三年制高职高专工程监理专业。

附注 执笔人:夏建中

8 地基与基础

一、课程的性质与任务

地基与基础是一门涉及面广,实践性强的职业基础课程,它涉及到土力学、工程地质学、结构和施工方面的一些知识。其任务是:学会阅读勘察报告;掌握基础构造,能进行简单基础的设计;掌握常用地基处理方法;了解基坑支护的类型和原理。

二、课程教学目标

(一)知识目标

了解地基中应力计算的方法和地基沉降计算方法;了解土的压缩性指标的测定、土的力学性质指标的测定与地基承载力的确定方法;了解土压力理论;掌握基础的构造和简单基础设计方法;掌握常用地基处理方法;了解基坑支护的类型和原理。

(二)能力目标

能进行三项基本指标及液塑限、抗剪强度的测定;能进行简单基础的设计。

(三)德育目标

通过对本课程的学习,培养学生严谨的工作态度和团结协作、吃苦耐劳的精神。

三、课程内容及教学要求

(一)绪论

1. 主要内容

*地基和基础的概念;本课程的任务和作用;本课程的特点和学习方法;本课程在实际工程中所起的作用。

2. 教学要求

掌握地基和基础的定义和用途;了解地基和基础在实际工程中所起的位置;了解本学科的发展简况。

(二)土的物理性质与工程分类

1. 主要内容

土的组成与结构;*土的物理性质指标;*岩土的工程分类。

2. 教学要求

掌握土的组成与结构;掌握三项基础指标的测定;熟悉岩土的工程分类。

3. 作业建议

岩土的工程分类习题。

(三)地基中的应力计算

1. 主要内容

*自重应力；*基底压力；*土中附加应力。

2. 教学要求

掌握自重应力、基底压力、附加应力的计算方法与图形分布规律。

3. 作业建议

自重应力、附加应力计算题。

(四) 土的压缩性与地基沉降计算

1. 主要内容

土的压缩性；*地基最终沉降量计算；建筑物沉降观测与地基容许变形值。

2. 教学要求

理解土压缩性的概念，能测定土的压缩性指标；掌握《规范》法计算地基最终沉降量。

3. 作业建议

沉降量计算习题。

(五) 土的抗剪强度与地基承载力

1. 主要内容

▲土的抗剪强度与极限平衡原理；*▲地基的临塑荷载与地基的极限承载力。

2. 教学要求

能利用直接剪切、三轴剪切、十字板剪切等方法测定土的抗剪强度指标；能确定地基的临塑荷载与极限荷载。

3. 作业建议

地基承载力计算。

(六) 土压力与土坡稳定

1. 主要内容

土压力的类型；*▲库伦与朗肯理论；▲土坡稳定分析；*挡土墙设计。

2. 教学要求

掌握主动土压力计算；理解土坡稳定的概念及土坡稳定性分析方法；掌握挡土墙设计方法。

3. 作业建议

主动土压力计算与挡土墙稳定性计算习题。

(七) 地基勘察及测试

1. 主要内容

地基勘察的任务；*地基勘察报告。

2. 教学要求

了解地基勘察的任务；掌握勘察及现场测试方法；学会阅读勘察报告。

(八) 天然地基上浅基础设计

1. 主要内容

*浅基础的类型及构造；*简单基础的设计方法。

2. 教学要求

理解浅基础的类型及构造；掌握无筋扩展基础设计方法；了解扩展基础与筏板基础的

设计方法。

　　3．作业建议

无筋扩展基础设计题。

（九）桩基础

1．主要内容

桩的分类；▲单桩与群桩轴向承载力；桩基设计步骤；＊桩基的构造。

2．教学要求

理解桩基础的构造；了解桩基础设计原理与步骤。

3．作业建议

单桩轴向承载力确定。

（十）软弱土地基处理

1．主要内容

＊软弱土的种类与性质；＊▲软弱土地基处理方法。

2．教学要求

熟悉软弱土的种类与性质；理解软弱土地基处理方法。

（十一）区域性地基

1．主要内容

膨胀土地基；湿陷性黄土地基；红黏土地基；山区地基；地震区地基基础问题。

2．教学要求

理解区域性地基的工程危害与处理措施。

（十二）基坑工程

1．主要内容

＊常见基坑支护形式及构造；基坑稳定性验算；▲支护结构的简单计算。

2．教学要求

理解常见基坑支护形式及构造；了解基坑稳定性验算方法；能用简化方法进行简单支护结构的计算。

四、课时分配

序　号	内　　容	课　时　分　配		
		总学时	理论教学	实践教学
（一）	绪论	1	1	
（二）	土的物理性质与工程分类	5	2	3
（三）	地基中的应力计算	4	4	
（四）	土的压缩性与地基沉降计算	6	4	2
（五）	土的抗剪强度与地基承载力	6	4	2
（六）	土压力与土坡稳定	6	4	2
（七）	地基勘察及测试	2	2	
（八）	天然地基上浅基础设计	6	6	

续表

序号	内容	课时分配		
		总学时	理论教学	实践教学
（九）	桩基础	3	3	
（十）	软弱土地基处理	3	3	
（十一）	区域性地基	3	3	
（十二）	基坑工程	5	5	
	合计	50	41	9

五、实践环节

（一）实验

土工实验 6 学时，试验项目为土的基本指标、土的压缩性指标、抗剪强度指标等。

（二）课程设计

停课一周进行浅基础设计。

六、大纲说明

本大纲适用于三年制高职高专工程监理专业。

附注 执笔人：袁 萍

9 建筑施工技术

一、课程的性质与任务

建筑施工技术是工程监理专业的一门职业技术课程。其任务是：通过教学使学生对建筑工程的施工全过程有一定的认识，使学生能够组织一般建筑工程的施工和编制一般建筑工程的施工方案，为今后的学习和工作打下良好的基础。

二、课程教育目标

（一）知识目标
1. 熟悉建筑施工的程序；
2. 了解主要工种的施工工艺；
3. 熟悉质量检查的内容和方法；
4. 了解施工组织的基本原理。

（二）能力目标
1. 具有编制建筑工程施工方案和解决简单施工问题的能力；
2. 能进行建筑工程的质量检验。

（三）思想教育目标
1. 培养辨证思维的能力；
2. 具有严谨的工作作风和敬业爱岗的工作态度；
3. 遵纪守法，自觉遵守职业道德和行业规范。

三、教学内容与教学要求

（一）绪论
1. 主要内容

本课程的重要性、学习目标、学习方法和特点；施工技术的发展；规范与规程；相关知识等。

2. 教学要求

让学生对本课程的重要性有一定的认识，了解相应的施工相关知识，熟悉施工规范体系。

（二）土石方工程
1. 主要内容

土方的种类、工程性质、施工特点；*▲工程量计算；▲土方开挖与验槽；土壁稳定与支护；降水与排水；▲回填与压实。

2. 教学要求

了解土方施工的特点；能正确进行土方工程量计算；对土方开挖和回填的施工内容要熟悉；了解土壁支护的方式，会进行土壁的稳定分析；了解施工降水的方法、原理。

3. 作业建议

土方量计算，模拟土方开挖与验槽。

(三) 地基与基础工程

1. 主要内容

地基与基础的概念；基础分类；*地基处理的方法；*▲浅基础的施工；*▲灌注桩施工；预制桩施工；*▲基础验收。

2. 教学要求

要让学生建立起正确的地基与基础的概念；理解一般地基处理的方法，对常用的浅基础施工内容要熟悉，对桩基础的施工内容要熟悉，对基础验收的内容要清楚。

(四) 砌筑工程

1. 主要内容

砌筑材料的检验；*砖砌体施工；砌块砌体施工；石砌体施工；*脚手架的类型与构造，运输设备；*▲质量与安全措施。

2. 教学要求

熟悉砌筑材料种类和材料检验；掌握砖砌体施工工艺、质量控制、安全文明施工措施；熟悉脚手架的种类，了解其构造；了解施工运输设备；掌握小型砌块的施工。

(五) 钢筋混凝土工程

1. 主要内容

模板的作用与基本要求、种类、构造；*▲模板的设计、安装、拆除；*钢筋的进场验收与存放，钢筋的加工，钢筋的连接，钢筋配料与代换，钢筋的绑扎与安装；*混凝土的施工配料，混凝土的搅拌、运输、浇筑、养护；*▲混凝土的质量检查与缺陷修补；其他混凝土的施工。

2. 教学要求

理解模板的作用与种类，熟悉模板的构造与安装注意点，能正确进行模板拆除。能正确进行钢筋的进场验收、理解钢筋的加工方式、能进行钢筋的施工配料计算、理解钢筋的连接接头、了解钢筋代换、能正确进行钢筋的安装；理解混凝土施工的全过程、能进行混凝土的施工配料、理解混凝土的质量缺陷与处理方法。

3. 作业建议

进行混凝土施工配料计算，钢筋下料长度计算，钢筋代换计算，对模板、钢筋、混凝土三个工种安排专题讨论。

(六) 预应力混凝土工程

1. 主要内容

▲先张法施工工艺，▲后张法施工工艺，▲无粘结预应力混凝土施工，*▲质量保证措施。

2. 教学要求

理解先张法、后张法的施工工艺，了解无粘结预应力施工工艺，了解质量与安全措施。

3. 作业建议

计算预应力钢筋下料长度。

（七）结构安装工程

1. 主要内容

混凝土结构安装的程序，起重机具；＊单层工业厂房结构安装工艺；＊结构安装的质量要求与安全措施；▲常见质量问题与处理。

钢结构的类型、施工工艺、质量要求。

2. 教学要求

理解混凝土结构安装的工艺要求，了解结构安装机械设备，能进行结构安装施工方案的编制；理解钢结构的类型与构造及施工工艺、质量安全措施。

3. 作业建议

观看录像，案例分析。

（八）高层建筑施工

1. 主要内容

＊高层建筑的施工特点；＊高层建筑主体施工方法、基础施工方法；＊▲模板体系，▲施工中的特殊问题。

2. 教学要求

理解高层建筑的施工特点，理解高层建筑主体施工的方法、模板体系，理解高层建筑基础施工方法，能理解高层建筑施工中要解决的一些问题。

3. 作业建议

（九）防水工程

1. 主要内容

＊卷材防水施工、刚性防水施工、涂料防水施工；＊▲地下防水方案与施工方法；＊厨卫间防水施工；＊外墙防水施工；▲防水施工常见问题与处理。

2. 教学要求

理解屋面、地下、厨卫、外墙防水构造，理解各部位防水施工方法，了解常见质量问题与处理。

（十）装饰工程

1. 主要内容

＊抹灰工程、饰面工程、涂料工程、裱糊工程等的施工；＊▲常见质量问题与防治。

2. 教学要求

了解抹灰工程的施工工艺与质量控制，理解饰面工程、涂料工程、裱糊工程等的施工工艺，了解一些质量问题的原因与处理方法。

（十一）季节性施工

1. 主要内容

冬期施工的特点、原则和施工准备；＊混凝土与钢筋混凝土及砌体工程的冬期施工；雨期施工的原则与准备。

2. 教学要求

了解冬期、雨期施工的特点、原则和施工准备；了解不同工种冬期施工的方法。

四、课时分配

序　号	课　程　内　容	课 时 分 配		
		总学时	理论教学	实践教学
（一）	绪论	2	2	
（二）	土石方工程	8	8	
（三）	地基与基础工程	6	6	
（四）	砌筑工程	10	8	2
（五）	钢筋混凝土工程	20	18	2
（六）	预应力混凝土工程	12	12	
（七）	结构安装工程	12	10	2
（八）	高层建筑施工	8	6	2
（九）	防水工程	10	10	
（十）	装饰工程	12	12	
（十一）	季节性施工	6	6	
机　动		4	4	
合　计		110	102	8

五、实践环节

（一）教学参观

本课程教学中宜安排适当的现场参观。

（二）课程设计

本课程安排2周课程设计，内容：

1. 钢筋混凝土施工方案编制；
2. 结构吊装施工方案编制。

（三）工种实训

宜安排砌筑工、钢筋工、模板工、架子工、抹灰工程等实训操作。

六、大纲说明

本大纲适用于三年制高职高专工程监理专业。

附注　执笔人：张若美

10　工程建设监理概论

一、课程的性质和任务

本课程是工程监理专业的一门主要职业技术课。

本课程的任务是：通过本课程的学习，使学生掌握我国建设监理制度的有关知识和工程建设监理的基本概念，了解工程建设监理的组织与规划，掌握监理工作主要内容和实际运作方法。

二、课程的教学目标

（一）知识目标

要求学生理解我国正在全面推行的建设监理制度，了解建设监理单位的资质与管理，项目监理组织的建立和规划，主要工作内容与控制方法。

（二）能力目标

要求学生能在监理规范指导下，根据监理合同、工程承包合同和设计图纸、有关验收标准和规范从事项目监理工作，正确使用各种检测工具，组织分项工程的施工质量验收和正确填写有关表格和办理现场工程签证。

（三）德育目标

使学生认真学习监理工程师职业道德和工作纪律，认真履行监理人员职责。

三、课程内容及教学要求

（一）工程建设监理的基本概念

1. 主要内容

工程建设监理的基本思想，我国工程建设监理的基本概念，建设监理的历史沿革，＊我国工程建设监理制度的主要内容。

2. 教学要求

使学生了解工程建设监理的基本思想和基本概念，理解我国监理制度的主要内容。

（二）监理工程师

1. 主要内容

监理工程师的概念和素质；＊监理工程师的职业道德和纪律，监理工程师的培养；＊监理工程师的考试和注册。

2. 教学要求

使学生了解监理工程师的素质、职业道德和纪律，考试和注册的有关规定。

（三）工程建设监理单位

1. 主要内容

监理单位的概念与分类，监理单位的设立；＊监理单位的资质与管理；＊监理单位的服务内容及道德准则，工程建设监理单位的选择；＊工程建设监理委托合同。

2．教学要求

使学生了解监理单位资质要素的组成、服务内容与道德准则，了解监理业务的取得方式和监理合同的内容。

（四）工程建设监理的组织

1．主要内容

组织的概念；＊工程建设监理组织机构，项目监理组织的人员结构及基本职责。

2．教学要求

使学生了解组织的概念和功能，掌握建设项目监理组织的形式与特点，设置原则和步骤，了解项目监理组织的人员结构和基本职责。

（五）工程建设监理规划

1．主要内容

监理规划的性质与作用；＊监理大纲、规划与细则的区别；＊监理规划的内容、编制与实施，工程项目监理规划实例。

2．教学要求

使学生了解监理规划的性质与作用，它与监理大纲和监理细则的区别，掌握监理规划的内容和编制程序。

（六）工程建设监理目标控制

1．主要内容

工程建设监理目标控制的基本概念和基本原理；＊投资控制；＊进度控制；＊质量控制。

2．教学要求

使学生掌握工程建设监理目标控制的基本原理和三大控制的主要内容。

（七）建设项目合同管理

1．主要内容

合同概念及内容，施工合同文件与合同条款，使用FIDIC条款的施工合同管理简介。

2．教学要求

使学生了解合同管理的概念，建设工程关系中主要合同关系和内容。

（八）工程建设监理的组织协调

1．主要内容

组织协调的概念、范围和层次，组织协调的工作内容和方法。

2．教学要求

使学生了解组织协调的概念、范围和层次，组织协调的工作内容和方法。

（九）工程建设监理信息管理

1．主要内容

监理信息的概念、特点和重要性，信息管理的内容，工程建设监理信息系统。

2．教学要求

使学生了解监理信息的特点和重要性，信息管理的内容和信息系统。

四、课时分配：

序　号	内　　容	课　时　分　配		
		总学时	理论教学	实践教学
（一）	工程建设监理的基本概念	3	3	
（二）	监理工程师	3	3	
（三）	工程建设监理单位	3	3	
（四）	工程建设监理的组织	3	3	
（五）	工程建设监理规划	4	4	
（六）	工程建设监理目标控制	4	4	
（七）	建设项目合同管理	3	3	
（八）	工程建设监理的组织协调	4	4	
（九）	工程建设监理信息管理	3	3	
合　　计		30	30	

五、大纲说明

本大纲适用于三年制高职高专工程监理专业。

附注　执笔人：廖品槐

11 建筑施工组织与进度控制

一、课程的性质与任务

建筑施工组织与进度控制是工程监理专业的职业技术课。通过本课程的学习，要求学生了解建筑施工组织的基本任务和基本知识，掌握并运用编制建筑施工组织设计的基本原理、基本方法以及进度控制的基本原理、基本方法，以便顺利地完成工程建设监理任务。

二、课程教学目标

（一）知识目标

了解建筑施工组织研究的对象和基本任务，掌握建筑施工组织设计的基本原理和基本方法。

（二）能力目标

具备编制建筑施工组织设计文件并应用建筑施工组织设计文件进行进度控制的能力。

（三）德育目标

培养学生爱岗敬业、公正无私的精神，强化学生质量与安全并重的意识。

三、课程内容及教学要求

（一）绪论

1. 主要内容

＊本课程研究的对象和基本任务，建筑施工组织设计的概念及分类，▲建筑施工组织的原则和程序。

2. 教学要求

了解本课程研究的对象和基本任务，理解建筑施工组织的原则和程序，掌握建筑施工组织设计的概念和分类。

3. 作业建议

围绕建筑施工组织的基本任务，分析建筑施工中坚持建筑施工组织的原则和程序的重要性。

（二）建筑施工组织的基本原理

1. 主要内容

＊流水施工的基本概念、基本原理，网络技术的基本概念、基本原理和网络计划的编制方法。▲流水施工的具体应用，网络计划优化与应用。

2. 教学要求

了解流水施工的基本概念、基本原理，掌握流水施工的基本方法，具备编制横道图施工进度计划的能力，了解网络技术的基本概念、基本原理，掌握网络计划的编制方法，具备编制工程网络计划的能力。

3. 作业建议

流水施工中首先应针对流水施工的基本原理和基本方法进行单项练习，然后进行综合练习；网络技术中首先应针对网络技术的基本原理和基本方法进行单项练习，然后进行综合练习。

（三）施工准备工作

1. 主要内容

＊施工准备工作的意义、内容和管理制度。▲施工准备工作计划编制与实施。

2. 教学要求

了解施工准备工作的意义，掌握施工准备工作的内容，理解施工准备工作管理制度的重要性。

（四）安全文明施工

1. 主要内容

＊安全文明施工的意义、内容、要求；劳动保护；伤亡事故处理；▲安全防护，文明施工与环境保护。

2. 教学要求

了解安全文明施工的意义、内容、要求，掌握施工现场安全文明施工的基本要求和技术组织措施。

（五）施工组织总设计

1. 主要内容

＊施工组织总设计的概念、内容、编制原则及程序。▲施工组织总设计的编制方法。

2. 教学要求

了解施工组织总设计的概念、编制原则及程序，掌握施工组织总设计的内容。

（六）单位工程施工组织设计

1. 主要内容

＊单位工程施工组织设计的概念、内容，编制依据、原则及程序。▲单位工程施工组织设计的编制方法。

2. 教学要求

了解单位工程施工组织设计的概念、内容，编制依据、原则及程序，重点掌握单位工程的施工方案、施工进度计划、主要技术组织措施、施工平面图的编制方法，具备编制单位工程施工组织设计的能力。

3. 作业建议

针对单位工程的施工方案、施工进度计划、主要技术组织措施、施工平面图进行单项练习，也可以针对一单位工程进行综合。

（七）进度控制

1. 主要内容

＊进度控制基本内容；▲进度计划的实施，进度计划的检查、调整的基本方法。

2. 教学要求

了解进度控制的基本内容；掌握进度计划的实施、检查、调整的基本方法。

3. 作业建议

进行案例分析。

四、课时分配

序 号	内 容	课 时 分 配		
		总学时	理论教学	实践教学
（一）	绪论	2	2	
（二）	建筑施工组织的基本原理	14	12	2
（三）	施工准备工作	4	4	
（四）	安全文明施工	6	6	
（五）	施工组织总设计	6	6	
（六）	单位工程施工组织设计	10	8	2
（七）	进度控制	16	14	2
	机动	2	2	
	合 计	60	54	6

五、实践环节

停课进行施工组织设计1周。

六、大纲说明

（一）大纲适用范围

本大纲适用于三年制高职高专工程监理专业。

（二）教学建议

1. 在实施过程中，应根据国家关于工程建设管理的有关政策及法规对教学内容进行调整以适应现代工程建设的需要；应加强实践性教学环节的管理，让学生更多地了解建筑工程施工的实际情况，以便使学生毕业后能够尽快适应工作岗位的要求。

2. 教学中应结合课程内容介绍本地常用施工管理软件。

附注　执笔人：廖　涛

12 建筑工程质量控制

一、课程的性质和任务

建筑工程质量控制是工程监理专业的一门主要职业技术课。

本课程的任务是：通过本课程的学习，使学生掌握工程建设质量控制的基本知识，理解质量控制体系，控制过程，控制内容、方法和手段，掌握工序质量控制的措施。

二、课程教育目标

（一）知识目标

要求学生能正确理解工程建设质量是建设项目的核心，理解质量管理体系和质量保证标准，掌握影响工程质量的主要因素控制原理和工程建设各个阶段进行质量控制的程序和方法。

（二）能力目标

要求学生能利用所学的有关基本专业知识和数理统计的方法对工程质量进行分析和监控。

（三）德育目标

培养学生坚持"质量第一"的意识，贯彻以"预防为主"的方针，既要坚持质量标准，严格检查，一切用数据说话，又要热情帮、促施工企业做好质量管理工作。

三、课程内容及教学要求

（一）工程建设质量控制概述

1. 主要内容

工程质量和质量控制的概念；工程质量的形成及控制过程；工程质量评定标准及管理制度；监理工程师控制质量的任务。

2. 教学要求

使学生理解工程质量的形成和控制过程，评价标准和管理制度，明确监理人员控制工程质量的任务。

（二）质量管理和质量保证标准

1. 主要内容

企业建立质量体系的意义，质量术语，ISO标准的组成，质量体系的结构及构成要素，质量保证模式。

2. 教学要求

使学生理解质量体系的意义、结构、构成要素，了解质量体系的建立、实施和认证。

（三）承包单位资质的核查

1. 主要内容

承包单位的资质标准和承包单位资质标准的核查。

2. 教学要求

使学生理解建筑企业资质等级标准的主要内容和如何对承包单位的资质进行核查。

(四) 影响工程质量因素的控制

1. 主要内容

人的控制，材料、构配件的质量控制，施工方法的控制，施工机械设备选用的质量控制，环境因素的控制。

2. 教学要求

使学生理解影响工程质量的五大要素应全面考虑，综合分析，以达到有效控制工程质量的目的。

(五) 工程建设设计阶段的质量控制

1. 主要内容

设计阶段质量控制及评定依据，设计阶段的监理和设计工序控制，设计方案和设计图的审核，设计交底与图纸会审。

2. 教学要求

使学生理解设计质量控制的依据和评定方法，学会如何审核设计方案和设计图纸，掌握设计交底和图纸会审的内容和程序。

(六) 工程建设施工阶段的质量控制

1. 主要内容

施工阶段质量控制的系统过程、依据及工作程序，施工阶段监理工程师的质量控制任务和内容，施工阶段质量控制的程序、方法和手段，施工工序质量的控制。

2. 教学要求

使学生理解施工阶段的事前、事中和事后的质量控制主要内容，了解施工阶段影响工程质量的主要因素和控制依据，监理工程师在施工阶段质量控制的任务、内容和手段。

3. 作业建议

施工阶段影响质量的主要因素、控制依据、控制程序和控制手段；监理工程师在施工过程中进行质量监控的任务、内容和方法。

(七) 生产设备质量控制

1. 主要内容

设备的购置，设备的检查验收，设备的安装，设备的试压和试运转。

2. 教学要求

使学生了解设备购置和检验的内容和方法，设备安装和调试的要点和步骤。

(八) 工程质量评定及竣工验收

1. 主要内容

工程质量评定的一般规定，分项工程质量评定，分部工程质量评定，单位工程质量的综合评定，工程项目的竣工验收。

2. 教学要求

使学生理解工程质量评定的目的、作用和主要内容，了解观感质量和质量保证资料的作用，掌握工程项目竣工验收的条件和主要内容。

3. 作业建议

建筑工程分项、分部、单位工程的划分和质量评定的主要内容，监理工程师在质量评定和竣工验收中的作用。

（九）质量控制的统计方法

1. 主要内容

质量数据的统计，质量波动及变异分析，质量控制统计的分析方法概述，抽样检验及抽样方法直方图及其运用，控制图及其运用。

2. 教学要求

使学生了解质量变异的原因和特征，掌握排列图、因果图、直方图、控制图的绘制和分析。

3. 作业建议

排列图、因果图、直方图和控制图的绘制方法和观察分析方法。

（十）工程质量事故的处理

1. 主要内容

工程质量事故的特点和分类，工程质量事故处理的依据和程序，质量事故原因分析，质量事故处理。

2. 教学要求

使学生理解质量事故的含义和特点，掌握进行质量处理的依据、程序和原则，掌握常见的工程事故发生的原因、分析事故的基本方法和步骤。

3. 作业建议

区分工程质量事故中一般事故与重大事故，常见的质量通病与防治方法。

四、课时分配

序号	内容	课时分配		
		总学时	理论教学	实践教学
（一）	工程建设质量控制概述	4	4	
（二）	质量管理和质量保证标准	3	3	
（三）	承包单位资质的核查	2	2	
（四）	影响工程质量因素的控制	4	4	
（五）	工程建设设计阶段的质量控制	2	2	
（六）	工程建设施工阶段的质量控制	5	4	1
（七）	生产设备质量控制	2	2	
（八）	工程质量评定及竣工验收	4	4	2
（九）	质量控制的统计方法	6	6	
（十）	工程质量事故的处理	3	3	
	机动	3	3	
合计		40	37	3

五、实践环节

　　本课程应安排学生到施工现场参观并安排一定时间进行生产实习，使学生参与工程项目生产过程质量控制实践，掌握质量控制要点和方法，正确填写有关资料。

六、大纲说明

　　本大纲适用于三年制高职高专工程监理专业。
　　　附注　执笔人：廖品槐

13 建筑工程计价与投资控制

一、课程的性质与任务

建筑工程计价与投资控制课程是工程监理专业的一门职业技术课程。本课程主要学习建筑工程定额与计价的方法，以及建筑工程投资控制的基本知识。

本课程的教学任务是：使学生了解建筑工程定额的性质、作用、分类等内容，掌握建筑工程定额的应用及建筑工程计价的基本原理与方法，初步具备建筑工程投资控制的能力。

二、课程教育目标

（一）知识目标

1. 了解建筑工程定额与工程计价的基本知识；
2. 掌握定额应用的基本方法；
3. 掌握工程量清单计价的方法。

（二）能力目标

1. 熟练使用建筑工程定额及建设工程工程量清单计价规范；
2. 具备正确进行建筑工程计价和投资控制的能力。

（三）德育目标

1. 培养学生热爱建筑业，具有爱岗敬业和奉献精神；
2. 教育学生了解、熟悉行业规范，并且熟悉本专业的各项法规、政策；
3. 教育学生既要具有适应社会主义市场经济发展的开拓进取精神，又要合理地确定建筑工程造价，自觉遵守职业道德。

三、课程内容及教学要求

（一）绪论

1. 主要内容

课程的研究对象、任务与主要内容，本课程的特点及本课程与相关课程的关系；学习方法；建筑工程计价的概念；＊建筑工程的计价依据；＊▲建筑工程计价的方法、程序。

2. 教学要求

本章应重点讲述课程的研究对象、任务和特点，及建筑工程计价的依据、步骤、方法，使学生对本课程有一个整体了解。

（二）建筑工程定额

1. 主要内容

建筑工程定额的概念、作用与分类；＊建筑工程定额的基本内容。

2. 教学要求

掌握定额的组成与应用。

3. 作业建议

定额应用练习。

（三）建筑工程费用

1. 主要内容

＊建筑工程费用的基本构成；▲建筑工程费用计算程序、方法；建筑工程费用计算实例。

2. 教学要求

掌握建筑工程直接费、间接费、利润、税金的计算方法。

3. 作业建议

工程造价计算练习。

（四）人工、材料、机械台班单价的确定

1. 主要内容

人工、材料、机械台班单价的组成及确定。

2. 教学要求

了解人工、材料、机械台班单价的的基本概念，掌握材料价格的组成及计算。

3. 作业建议

材料价格计算。

（五）建筑工程工程量计算

1. 主要内容

＊▲工程量项目划分、建筑面积和工程量计算以及工程量清单编制。

2. 教学要求

掌握工程量项目划分、工程量计算规则、工程量清单编制。

讲授中应结合工程实例，理论联系实际，讲练结合，使学生切实掌握工程量计算的方法。

3. 作业建议

根据一套完整施工图纸计算建筑工程量。

（六）建筑工程造价计算

1. 主要内容

▲分项工程综合单价的组成及计算；分部分项工程费用计算；▲措施项目费用计算；其他项目费用计算；单位工程总费用计算。

2. 教学要求

本章重点是分项工程综合单价的组成及计算；分部分项工程费用、措施项目费用、其他项目费用计算，以及单位工程总费用计算。

讲授中应理论联系实际，以实力阐述如何进行分项工程综合单价的计价；如何确定工程造价。

3. 作业建议

根据具体工程施工图纸边讲边练，训练学生实际动手能力。

（七）建设项目投资控制

1. 主要内容

建设工程投资的基本概念；*建设工程投资控制的内容及方法。

2. 教学要求

了解建设工程投资的基本概念；掌握建设工程投资控制的内容及方法。

3. 作业建议

进行投资控制案例分析。

四、课时分配表

序 号	内 容	课 时 分 配		
		总学时	理论教学	实践教学
（一）	绪论	6	6	
（二）	建筑工程定额	8	6	2
（三）	建筑工程费用	4	4	
（四）	人工、材料、机械台班单价的确定	4	4	
（五）	建筑工程工程量计算	36	32	4
（六）	建筑工程造价计算	6	4	2
（七）	建设项目投资控制	4	4	
	机动	2	2	
	合 计	70	62	8

五、实践环节

建筑工程计价实训，停课1周进行。内容包括：

(1) 工程量计算；

(2) 综合单价计算；

(3) 建筑工程材料用量分析；

(4) 建筑工程造价计算。

六、大纲说明

（一）大纲的适用范围

本大纲适用于三年制高职高专工程监理专业。

（二）其他说明

1. 本课程是一门操作应用型专业技术课程，涉及许多方面的基本知识，同时该课程地区性、政策性很强，因此，必须结合当时、当地实际进行教学，切忌照本宣科，并且必须督促检查学生的操作应用练习。

2. 教学中，应结合课程内容介绍本地区常用计量和计价软件。

附注 执笔人：王武齐

14　工程建设法规与合同管理

一、课程的性质与任务

　　工程建设法规与合同管理是工程监理专业的职业技术课，本课程着重讲述工程建设方面的法律知识和合同管理、工程索赔，是一门专业性、实践性和政策性均很强的课程。

　　该课程的教学任务是：通过本课程的学习，使学生全面了解和掌握我国有关工程建设程序、工程建设执业资格法规、工程建设监理法规、招投标法、建筑法、建设工程合同法规、合同管理、工程索赔等有关工程建设、建设监理等的法规知识，使学生能学法、知法、用法、守法。

二、课程教学目标

（一）知识目标

　　通过学习，让学生了解一般的法律知识，了解有关工程建设方面的法律法规。让学生掌握我国现目前已颁布实施的城市规划法、建筑法、合同法、招投标法、合同管理、索赔。重点掌握建筑法、合同法、招投标法、合同管理。

（二）能力目标

　　通过学习，让学生能掌握目前在工程建设领域中的一般法律常识，树立法律观念；能用所学知识具体分析实例；能熟练地应用建筑法、合同法、招投标法的原理和理论。

（三）德育目标

　　1. 树立爱岗敬业的思想，自觉遵守职业道德及行业规范。

　　2. 熟悉工程建设的法律法规。

　　3. 通过专业法律的学习培养学生专业兴趣和工作热情。

　　4. 培养学生的法律意识、法律观念、合同意识、索赔意识。做知法、守法、用法的好公民。

三、课程内容及教学要求

（一）建设法规概论

1. 主要内容

建设法规的概念及调整对象、*法律关系、建设法规的法律体系。

2. 教学要求

掌握建设法规的定义和调整对象，了解建设法规体系概念及构成，了解法规立法原则及实施。

（二）工程建设程序法规

1. 主要内容

＊工程建设程序的概念，工程建设前期阶段及准备阶段的内容，工程建设实施阶段及保修阶段的内容。

2. 教学要求

了解工程建设程序的概念，掌握工程建设程序阶段的划分，掌握建设前阶段及准备阶段的内容，掌握实施阶段及保修阶段的内容，了解工程建设程序的立法现状。

（三）工程建设执业资格法规

1. 主要内容

工程建设执业资格制度的概念，执业资格制度的基本情况，＊从业单位、从业人员资格管理的内容。

2. 教学要求

了解我国执业资格制度的概念及基本情况；掌握从业单位的资质等级划分、资质管理，专业技术人员执业资格管理及项目经理资质管理有关内容。

（四）城市及村镇建设规划法规

1. 主要内容

城市规划及村镇规划的概念；城市规划编制的方针、原则、审批制度；＊城市规划实施的法律规定。

2. 教学要求

了解城市规划的概念、种类；了解我国城市规划的立法概况、城市规划的编制方针和原则；掌握城市规划实施的几种制度：选址意见书制度、建设用地规划许可证制度、建设工程规划许可证制度；了解风景名胜区、历史文化名城及村镇规划管理。

（五）工程发包与承包法规

1. 主要内容

＊建设工程承、发包的概念及方式，＊招标投标各个阶段的法律规定。

2. 教学要求

掌握工程发包与承包的概念，了解建设工程发包与承包法规的立法概况及有关规定，掌握工程招标、投标的有关规定及方式，掌握工程招标、投标中招标文件与投标书、标底与投标报价的区别与联系，掌握工程开标、评标与定标的有关规定，了解建设工程招投标的管理与监督。

（六）工程建设监理法规

1. 主要内容

工程监理的概念、工作程序及内容；＊业主、监理单位、承包商三方的关系。

2. 教学要求

了解工程监理的概念、作用，工程监理的工作程序及内容；掌握在监理关系中，业主、监理单位、承包商三方的法律地位及权利义务关系，掌握在FIDC条款中有关业主、监理单位、承包商之间的权利、义务。

（七）工程建设安全生产管理法规

1. 主要内容

工程建设安全生产的内容，安全生产机构及其职责；＊工程建设安全生产的几种相关制度。

2. 教学要求

了解工程建设安全生产的概念,安全生产机构及其职责;重点掌握工程建设安全生产的相关制度;安全生产的责任制度、教育制度、检查、监督制度、劳动保护制度、工程安全保障制度、重大事故调查处理制度。

(八)建设工程质量管理法规

1. 主要内容

建设工程质量的概念及工程建设质量体系认证;*建设各方对质量责任的规定。

2. 教学要求

了解建设工程质量的概念及管理体系及立法现状;掌握质量体系认证制度;掌握建设单位、勘察设计单位、监理单位、施工单位和材料设备供应单位在质量管理中的责任;掌握建设工程返修及损害赔偿责任。

(九)建设工程合同管理

1. 主要内容

合同的一般知识;*建设合同的约束力;*建设工程合同签订、履行的原则及主要内容;*合同中抗辩权、合同保全等相关内容;索赔的概念、原因和依据,*索赔的计算。

2. 教学要求

掌握建设工程合同的概念、建设工程合同的约束力;了解建设工程合同的特征及订立合同签订和履行的原则、合同订立的内容及形式;掌握合同中抗辩权的概念与几种形式,合同履行的担保几形式;掌握索赔的概念,及索赔的原因,索赔的依据及处理。

四、课时分配

序 号	名 称	课 时 分 配		
		总学时	理论教学	实践教学
(一)	建设法规概述	2	2	
(二)	工程建设程序法规	2	2	
(三)	工程建设执业资格法规	2	2	
(四)	城市及村镇建设规划法规	2	2	
(五)	工程承包与发包法规	4	3	1
(六)	建设工程监理法规	5	3	2
(七)	工程建设安全生产管理法规	2	2	
(八)	建设工程质量管理法规	5	3	2
(九)	建设工程合同管理	8	7	1
	机动	3	3	
	合 计	35	29	6

五、大纲说明

1. 该大纲适用于三年制高职高专工程监理专业。

2. 讲授时,应结合现行已颁布的法规结合来讲,并加强案例教学。

附注 执笔人:江 怒

实 践 课 程

1 认 识 实 习

一、课程的性质和任务

认识实习是工程监理专业实践性教学环节之一。通过现场参观，引导学生进入专业领域，建立一定感性认识，初步了解专业概况。

二、课程教学目标

（一）知识目标

1. 增强对建筑施工及施工监理的感性认识。
2. 了解工地上各种机械设备。
3. 了解各类施工工艺的过程。
4. 了解施工企业和监理企业的管理模式及相关人员的岗位职责。
5. 了解施工监理的工作内容。

（二）能力目标

增强学生对建筑及建筑施工现场的感性认识。

（三）德育目标

使学生养成吃苦耐劳的好习惯。

三、实习内容与基本要求

（一）实习内容

认识实习以现场参观为主，辅以声像教学。

选择若干具有代表性的已建房屋、在建房屋和建筑制品厂，组织学生参观。从建筑构造、结构、施工等方面获得一定的感性知识，初步了解施工现场生产过程和常用建筑材料、设备。

（二）实习要求

1. 学生在实习期间应注意安全。
2. 学生每天记下实习日记。
3. 要求学生根据实习期间的心得体会写出实习报告。

四、时间安排

实习时间为一周,具体安排根据实际情况制定计划实施。

五、大纲说明

本大纲适用于三年制高职高专工程监理专业。

附注 执笔人:刘鉴秋

2 制图测绘训练

一、课程的性质和任务

制图测绘训练是土木工程制图课程中重要的实践环节。通过实习，使学生加深对课堂内容的理解，培养学生图示、图解、读图能力和空间思维能力，并具备一定的绘图技能。

二、课程教学目标

（一）知识目标

进一步加深对正投影基本理论的理解，进一步熟悉国家《建筑制图标准》的一般规定，进一步加深对本专业建筑工程图图示方法、图示内容的了解。

（二）能力目标

能够正确使用绘图工具，有较熟练的绘图技能，并要求能识读和绘制一般建筑工程图，所绘图样应符合制图国家标准，并具有较好的图面质量。

（三）德育目标

培养学生独立工作能力和严谨认真的工作作风。

三、实训内容与基本要求

实习内容：建筑底层平面图的测绘，标准层平面图、立面图、剖面图、大样图抄绘。

基本要求：底层平面图、标准层平面图、立面图要用 A2 图纸完成；剖面图可以选择某一部位剖切绘制；大样图可以选择建筑的不同部位绘制，重点要选择墙身节点部位。

四、时间安排及图纸要求

序 号	实习内容安排	时间安排（天）	图纸要求	备 注
（一）	实习安排（老师）、底层平面图测绘	0.5		可以分组进行
（二）	底层平面图数据资料整理、组与组之间交流数据、查阅有关资料、构思底层平面图	0.5		
（三）	绘制底层平面图	0.5	A2 图纸共 1 张	
（四）	抄绘标准层平面图、楼顶平面图	1.0	A2 图纸共 2 张	其中标准层平面图和楼顶平面图各 1 张

续表

序 号	实习内容安排	时间安排（天）	图纸要求	备 注
（五）	抄绘立面图、剖面图	1.0	A2图纸共2张	其中立面图和剖面图各1张。正立面图、背立面图选择抄绘一个，剖面图、楼梯剖面图选择抄绘一个
（六）	抄绘楼梯节点大样图、外墙墙身节点大样图、阳台大样图	1.5	A2图纸共2张	其中楼梯节点大样图和阳台大样图合用1张，外墙墙身节点大样图单独画1张
	合　计	5	A2图纸共7张	

五、大纲说明

本大纲适用于三年制高职高专工程监理专业。

附注　执笔人：雷昌祥

3 测 量 实 习

一、课程的性质和任务

测量实习是建筑工程测量课程中重要的实践环节。通过实习，使学生加深对课堂内容的理解，培养学生实际动手能力和应用测量知识、仪器设备的能力及方法。

二、课程教学目标

（一）知识目标

掌握控制测量基本方法，掌握施工放样的基本方法，掌握建筑、管网施工测量的基本方法。

（二）能力目标

培养学生进行现场施工放样的基本能力，培养学生熟练操作、使用测量仪器和工具的能力。

（三）德育目标

培养学生良好的职业道德、独立工作能力和严谨的工作态度。

三、实习内容与基本要求

（一）小地区大比例尺地形图的测绘

1. 主要内容

平面控制测量；水准测量；碎部测量。

2. 教学要求

以经纬仪导线作为测区的平面控制，精度应满足图跟导线的要求；用四等水准或图跟水准的精度要求测定各控制点高程，作为测区的高程控制；按 1/1000 或 1/500 比例尺进行地形图测绘。

（二）点位测设、管网测量

1. 主要内容

点的平面位置测设和高程的测设，管网中线测量。

2. 教学要求

掌握建筑施工测量和管网工程测量的基本方法。

（三）基本要求

1. 小组上交资料

（1）平面和高程控制测量外业记录手册；

（2）1/1000 或 1/500 比例尺的地形图。

2. 个人应交资料

(1) 平面和高程控制测量的计算成果；
(2) 放样数据计算成果；
(3) 实习报告书。

四、设备与器材配制

综合实习每组使用的设备、仪器及数量如下：

经纬仪 1 台，水准仪 1 台，小平板 1 台，水准尺 1 对，钢尺 1 把，皮尺 1 把，半圆仪 1 个，聚酯薄膜 1 张，绘图设备 1 套，计算器 1 个，各记录表 1 套，木桩 10 根，线绳 300m，石灰 1 袋(8kg)。

五、时间安排

实习时间共两周，具体安排如表：

序 号	实习名称	内 容	每组人数	实习时数
（一）	控制测量	平面、高程控制测量	4	4 天
（二）	碎部测量	地形图测绘	4	4 天
（三）	施工放样	民用建筑放样	4	1.5 天
（四）	仪器考核	经纬仪、水准仪考核	1	0.5 天

六、大纲说明

本大纲适用于三年制高职高专工程监理专业。

附注　执笔人：樊正林

4 模板工、架子工实训

一、课程的性质和任务

本课程是工程监理专业实践性教学环节。其任务是：学习和掌握基本构件模板配板设计方法，掌握定型组合钢模板安装工艺、质量要求等知识；学习一般脚手架的搭设方法，为下一阶段的学习奠定基础。

二、课程教学目标

（一）知识目标

1. 了解一般构件的模板配板设计；
2. 理解模板安装、加固原理；
3. 了解多立柱双排脚手架的搭设方法。

（二）能力目标

1. 能进行梁、柱、墙、构造柱、楼梯的配板设计；
2. 会使用定型组合钢模板进行梁、柱、墙的模板拼装及搭设；
3. 会加工制作模板对拉铁件及钢木柱模；
4. 会搭设多立柱双排脚手架。

（三）德育目标

通过实训，培养学生动手能力和创造能力，以及吃苦耐劳的精神和严谨的工作作风。

三、实训内容与基本要求

（一）配板设计

1. 主要内容

独立柱基模板、框架梁、柱模板。

2. 教学要求

要求学生掌握基本构件配板设计方法，配板设计结果具有实用性、可操作性。

（二）柱模板安装实训

1. 主要内容

柱对拉件制作，钢木柱模加工制作，拼装柱模板，支撑加固系统安装。

2. 教学要求

（1）柱模、对拉件计算加工正确，实用；
（2）模板拼装正确；
（3）柱模安装方法、数量正确，柱校正，支撑加固系统方法正确，适用。

（三）框架梁模板实训

1. 主要内容

花篮梁模板安装。

2. 教学要求

要求学生采用合理的模板配制大梁,支撑体系正确标准,几何尺寸正确,达到实用的目标。

(四)多立柱双排脚手架的搭设

1. 主要内容

两步架双排脚手架的搭设。

2. 教学要求

要求学生基本掌握双排脚手架的搭设方法,按结构施工需要正确处理脚手架的立杆间距、水平杆步距、栏杆高度、安全立网的搭设等。

四、课时分配

序 号	实训内容	时间(天)
(一)	配板设计训练	0.5
(二)	柱模板实训	1.5
(三)	框架梁、脚手架实训	3
	合 计	5

五、大纲说明

本大纲适用于三年制高职高专工程监理专业。

附注 执笔人:王平安

5 砖瓦工、抹灰工实训

一、课程的性质和任务

本课程是工程监理专业实践性教学环节。其任务是：通过训练，使学生基本掌握砌筑及一般抹灰工程的施工方法、质量要求、操作要点等知识，为学生进入下一阶段学习奠定基础。

二、课程教育目标

（一）知识目标

1. 掌握标准砖砌体的组砌方式及工序要求。
2. 掌握一般抹灰的施工方法及质量要求。

（二）能力目标

1. 基本掌握标准砖基础，240砖墙体、柱及附墙柱的组砌方式及方法。
2. 基本掌握砖墙体、柱的砂浆抹面的方法。

（三）德育目标

通过实训，培养学生吃苦耐劳的精神及严谨的工作作风。

三、课程内容及要求

（一）标准砖砌体基本操作训练

1. 主要内容

（1）基本工具使用训练：砖刀、吊线锤、挂线、靠线板；

（2）基本操作训练：240墙体试摆砖、铺灰、砌筑方法。

2. 教学要求

要求学生掌握基本工具的使用方法，特别是控制砌体质量的工具使用方法。掌握240墙体的组砌方法，特别是大马牙槎的组砌方法和要求，基本能做到组砌正确。

（二）基础砌筑实训

1. 主要内容

（1）基础施工准备工作训练：识基础图，抄平放线，试摆砖，立皮数杆；

（2）大放脚砌筑：组砌方式训练，收阶控制训练，中心线控制训练。

2. 教学要求

要求学生掌握基础施工准备工作的程序及作法，基本掌握砖基础组砌，纵横墙连接及收阶中心线控制等方法，理解基础砌筑工序之间的相互关系及内涵。

（三）砖柱、附墙柱组砌训练

1. 主要内容

365柱、490柱、240墙370×240附壁柱。

2. 教学要求

基本掌握柱、附壁柱的组砌方法，懂得柱的组砌要求及质量控制方法。

（四）墙、柱面抹灰训练

1. 主要内容

砖墙面抹灰；砖柱面抹灰。

2. 教学要求

基本掌握砖墙、柱砂浆抹面的方法。

四、课时分配

序　号	实　训　内　容	时间（天）
（一）	标准砖砌体基本操作训练	1.5
（二）	基础砌筑训练	1.0
（三）	砖柱、附壁柱砌筑训练	1.0
（四）	墙柱面抹灰训练	1.5
	合　　计	5.0

五、大纲说明

本大纲适用于三年制高职高专工程监理专业。

附注　执笔人：王平安

6 生 产 实 习

一、课程的性质和任务

生产实习是工程监理专业重要的实践性教学环节之一。其任务是：使学生初步掌握主要工种的操作要领和质量要求，并熟悉这些工种的工艺过程，为更好地学习有关专业课打好基础，同时，使学生在劳动中得到锻炼，增强劳动观念。

二、课程教育目标

（一）知识目标
1. 建立对建筑施工和施工监理的理性认识。
2. 熟悉施工工地上机械设备的使用，并了解其维护。
3. 理解施工企业和施工监理企业的管理模式及相关人员的岗位职责。
4. 了解施工监理的工作方式与内容。

（二）能力目标
熟悉主要工种操作要领。

（三）德育目标
养成学生吃苦耐劳的好习惯。

三、实习内容与基本要求

（一）实习内容
实习内容应包含建筑施工的主要工种和施工监理的主要内容。

（二）实习要求
1. 每个班的生产实习至少应配备 2 名指导教师带队，教师负责生产实习全过程的组织工作(包括实习联系、实习准备，各工种人员的分配与轮换、现场教学、实习日记和实习报告的批改、综合成绩的评定等)。
2. 学生 5～10 人组成学生班组参加工地施工劳动，每个班组至少有 1 名师傅带领；也可将学生分散插入工地的工人班组，每个工人班组可安排 2～3 名学生，以 1 名工人师傅带 2 名学生为宜。
3. 实习期间的作息时间按照工地规定执行，不得缺习、迟到、早退。
4. 实习期间注意安全，遵守工地的安全制度。

四、时间安排

实习时间为 3 周，具体安排根据实际情况制定计划实施。

五、大纲说明

本大纲适用于三年制高职高专工程监理专业。

附注 执笔人：刘鉴秾

7 单位工程施工组织设计

一、课程的性质和任务

单位工程施工组织设计是建筑施工组织与进度控制课程重要的实践环节。通过实训，使学生加深对课堂内容的理解，培养学生编制单位工程施工组织设计文件的能力和运用单位工程施工组织设计文件组织建筑施工的能力和方法。

二、课程的教学目标

（一）知识目标

进一步使学生加深对建筑施工组织课程教学内容的理解和认识。

（二）能力目标

培养学生编制单位工程施工组织设计文件的能力和运用单位工程施工组织设计文件组织建筑施工的能力和方法。

（三）德育目标

培养学生独立工作能力和严谨认真的工作作风。

三、设计内容与基本要求

（一）设计内容

1. 设计条件

某框架结构工程施工图一套(含建筑、结构、水电施工图)；岩土工程勘察报告一份；施工条件(由指导老师拟定)。

2. 提交成果

工程概况；施工准备工作；施工方案；施工进度计划；施工平面图；资源及资金计划；安全文明施工措施及环境保护措施；主要技术经济指标。

（二）基本要求

1. 学生必须独立完成设计任务；

2. 学生必须按照单位工程施工组织设计指导书的规定完成全部设计内容。

四、时间安排

在学生独立完成单位工程施工组织设计基础上，组织学生就该单位工程施工组织设计文件进行讨论(作业进度计划见表)。

五、大纲说明

本大纲适用于三年制高职高专工程监理专业。

作业进度计划

作业项目	星期一		星期二		星期三		星期四		星期五		星期六		星期日	
	上午	下午	上午	下午	上午	下午	上午	下午	上午	下午	上午	下午	上午	下午
熟悉图纸	━													
工程概况及施工准备工作		━												
施工方案			━━											
施工进度计划					━━									
施工平面图							━							
资源资金计划								━						
安全文明施工环境保护措施									━━					
主要技术经济指标											━			
整理汇编施工组织设计文件												━		
讨论														━

附注　执笔人：廖　涛

8 民用建筑构造设计

一、课程的性质和任务

民用建筑构造设计是房屋构造课程教学的综合技能训练,其目的是使学生进一步理解民用建筑设计原理和构造的基础知识,掌握建筑施工图设计的方法和步骤,提高绘制和识读建筑施工图的基本技能。

二、课程教育目标

(一) 知识目标

1. 了解民用建筑的建筑施工图设计的设计内容、方法和步骤。
2. 理解中小型民用建筑的设计要求。
3. 掌握建筑空间设计与空间的组合原则与要求。
4. 掌握建筑空间的平面组合方式与方法。

(二) 能力目标

1. 具有认真执行国家建筑设计规范的能力。
2. 学会查阅技术资料,解决实际问题。
3. 能进行建筑施工图设计并能选择恰当的构造方案。

(三) 德育目标

1. 培养学生良好的职业道德。
2. 培养学生独立工作能力。

三、设计内容与基本要求

学生可任选下列 3 个课题中的 1 个。

(一) 单元式住宅建筑施工图设计

1. 主要内容

(1) 设计说明、总平面图、图纸目录、门窗统计表;
(2) 底层平面图、标准层平面图;
(3) 剖面图、立面图;
(4) 屋顶平面图、檐口详图;
(5) 外墙墙身详图、厨房和卫生间详图;
(6) 楼梯详图。

2. 设计要求

每个学生独立完成建筑施工图,绘制施工图 2~3 张(2 号图),必须绘制平面图、立面图、剖面图及主要建筑详图。

(二) 中学教学楼建筑施工图设计

1. 主要内容

(1) 设计说明、总平面图、图纸目录、门窗统计表;
(2) 底层平面图、标准层平面图、顶层平面图;
(3) 剖面图、立面图;
(4) 屋顶平面图、檐口详图;
(5) 外墙墙身详图,盥洗室、卫生间详图;
(6) 楼梯详图。

2. 设计要求

每个学生独立完成建筑施工图,绘制施工图 2～3 张(2 号图),必须绘制平面图、立面图、剖面图及主要建筑详图。

(三) 医院门诊部建筑施工图设计

1. 主要内容

(1) 设计说明、总平面图、图纸目录、门窗统计表;
(2) 底层平面图、楼层平面图、顶层平面图;
(3) 剖面图、立面图;
(4) 屋顶平面图、檐口详图;
(5) 外墙墙身详图,盥洗室、卫生间详图,手术室、CT 室等详图;
(6) 楼梯详图。

2. 设计要求

每个学生独立完成建筑施工图,绘制施工图 2～3 张(2 号图),要求绘制平面图、立面图、剖面图及主要建筑详图。

四、课时分配

设计时间 5 天,分配见表:

序　号	设 计 内 容	时间(天)
(一)	下达任务、搜集资料	0.5
(二)	画　草　图	0.5
(三)	画正图:底层平面图、其他平面图	1
(四)	画正图:剖面图、立面图	1
(五)	画正图:屋顶平面图、檐口详图	1
(六)	画正图:楼梯详图、其他详图	1
	合　　计	5

五、大纲说明

(一) 大纲适用范围

本大纲适用于三年制高职高专工程监理专业。

(二) 其他说明

有条件时,可采用真实设计项目作为建筑施工图设计题目。

附注　执笔人:张　莉

9 工业厂房构造设计

一、课程的性质和任务

工业厂房构造设计是房屋构造课程教学的综合技能训练，其任务是使学生进一步理解工业建筑设计原理和构造的基础知识，掌握厂房施工图设计的方法和步骤，提高绘制和识读建筑施工图的基本技能。

二、课程教育目标

（一）知识目标

1. 了解工业厂房建筑施工图设计的设计内容、方法和步骤。
2. 理解工业建筑平面与空间设计的基本要求。
3. 能选择合理的厂房建筑构造方案。

（二）能力目标

1. 具有认真执行国家建筑设计规范的能力。
2. 学会查阅技术资料，解决实际问题。
3. 能进行建筑施工图设计并能选择恰当的构造方案。

（三）德育目标

1. 培养学生良好的职业道德。
2. 培养学生独立工作能力。

三、设计内容与基本要求

（一）单层厂房平面及定位轴线布置

1. 主要内容

平面图、局部剖面图设计。

2. 设计要求

（1）进行平面柱网布置与定位轴线划分；布置围护结构、门窗及入口坡道；加画散水、明沟；表示吊车轮廓、吊车轨道中心线；标注吊车规格尺寸、吊车轨道中心线与纵向定位轴线之间的距离；标注详图索引号、室内外地坪标高；标注两道尺寸（总尺寸、轴线尺寸）并进行轴线编号。

（2）局部剖面图要求表示柱子牛腿（以下折断）及以上部分、吊车梁、屋架（中间部分折断）以及相关的围护结构等部分的联系图。

（二）单层厂房剖面及详图绘制

1. 主要内容

（1）单层厂房横剖面图；

(2) 剖面详图。

2. 设计要求

以平面图为设计依据，横剖面图标注两道尺寸和（轨顶、柱顶）标高、室内外地面标高、屋面和室内的分层构造作法；详图注明必要尺寸、标高、材料符号、构造作法及轴线号。

（三）单层厂房立面

1. 主要内容

单层厂房立面。

2. 设计要求

以平面图、剖面图为设计依据，绘出立面图，要求标出标高和外墙作法。

（四）单层厂房屋顶平面图

1. 主要内容

(1) 屋顶平面图；

(2) 详图。

2. 设计要求

绘出屋顶平面图及详图，标出定位轴线和尺寸、作法等。

四、课时分配

设计时间 5 天，分配如下表：

序　号	设　计　内　容	时间（天）
（一）	下达任务、搜集资料	0.5
（二）	画　草　图	0.5
（三）	画正图：平面图、局部剖面图	1
（四）	画正图：横剖面图、剖面详图	1
（五）	画正图：立面图	1
（六）	画正图：屋顶平面图、檐口详图	1
	合　　计	5

五、大纲说明

本大纲适用于三年制高职高专工程监理专业。

附注　执笔人：张　莉

10 钢筋混凝土工程施工方案设计

一、课程的性质与任务

钢筋混凝土工程施工方案设计是建筑施工技术课程中重要的实践环节。通过综合练习使学生加深对课堂内容的理解,培养学生的动手能力和综合运用所学知识的能力。

二、课程教学目标

(一) 知识目标

掌握钢筋混凝土工程施工准备工作、模板配板设计、施工方案、钢筋配料计算、质量要求和安全技术要求。

(二) 能力目标

具有运用所学知识综合分析问题和解决问题的能力;能针对不同的工程对象和具体条件合理地选择钢筋混凝土工程施工方案。

(三) 德育目标

培养学生独立工作能力和严谨认真的工作作风。

三、设计内容与基本要求

(一) 给定条件

1. 工程概况;
2. 施工图,包括建筑总平面图、结构平面布置图、配筋图。

(二) 作业内容

进行施工方案设计,内容包括:

1. 模板配板设计;
2. 模板安装与拆除方案;
3. 钢筋配料计算;
4. 混凝土浇筑方案;
5. 质量保证措施;
6. 安全文明施工措施。

(三) 基本要求

1. 提交成果

(1) 计算书1份,其中包括材料(模板、钢筋、混凝土)计划;

(2) 模板配板图。

2. 成果要求

施工图采用 A2 图幅,铅笔线,仿宋字。

计算书采用设计用纸书写，清楚、工整，并应装订成册。

3. 学生应遵守学校有关纪律，并独立完成设计任务。

四、时间分配

内　　容	建议时间（天）
布置、收集资料	0.5
计　　算	1.0
施工方案选择	1.5
绘制配板图	1.5
修改、整理	0.5
合　　计	5

五、大纲说明

1. 大纲适用于三年制高职高专工程监理专业。
2. 根据班级具体情况可分组进行，或选定不同的题目和参数。

附注　执笔人：周贞贤

11 钢筋混凝土单厂结构吊装施工方案设计

一、课程的性质与任务

钢筋混凝土单厂结构吊装施工方案设计是建筑施工技术课程中重要的实践环节。通过设计，使学生加深对课堂内容的理解，培养学生的动手能力和综合运用所学知识的能力。

二、课程教学目标

（一）知识目标

掌握单层工业厂房结构吊装的准备工作、吊装工艺、吊装方案、质量要求和安全技术要求；理解吊装机械性能；了解吊装索具设备。

（二）能力目标

具有运用所学知识综合分析问题和解决问题的能力，能针对不同的工程对象和具体条件合理地选择吊装工艺和吊装方案。

（三）德育目标

培养学生独立工作能力和严谨认真的工作作风。

三、设计内容与基本要求

（一）给定条件

1. 工程概况；
2. 施工图，包括平、立、剖及总平面图；
3. 吊装机械类型(型号自选)；
4. 其他条件：装配式钢筋混凝土单层厂房，现浇杯口基础、三通一平已完成。

（二）作业内容

1. 制定吊装方案，包括参数计算、工艺选择、吊装机械型号选择；
2. 绘制施工平面布置图，包括预制和吊装阶段。

（三）基本要求

1. 提交成果

（1）计算书1份；

（2）施工平面布置图1套。

2. 成果要求

施工图采用 A2 图幅，铅笔线，仿宋字。

计算书采用设计用纸书写，清楚、工整，并应装订成册。

3. 学生应遵守学校有关纪律，并独立完成设计任务。

四、时间分配

内 容	建议时间(天)
布置、收集资料	0.5
参 数 计 算	1.0
工艺选择、吊装机械型号选择	1.5
绘制施工平面布置图	1.5
修改、整理	0.5
合 计	5

五、大纲说明

1. 大纲适用于三年制高职高专工程监理专业。
2. 根据班级具体情况可分组进行,或选定不同的题目和参数。

附注 执笔人:周贞贤

12 地基基础课程设计

一、课程的性质和任务

建筑物基础设计是地基基础课程的重要实践教学环节。通过本次课程设计，巩固相应的理论知识，了解实际工程中基础设计的方法、内容、步骤。

二、课程教育目标

（一）知识目标
1. 能运用岩土工程勘察报告。
2. 掌握基础设计步骤及方法。
3. 熟悉基础的构造要求。

（二）能力目标
1. 能根据勘察报告、上部结构资料及所学的理论知识，顺利进行基础设计。
2. 提高应用规范和绘制施工图的能力。

三、设计内容与基本要求

（一）设计内容
1. 给定条件
（1）地基勘察报告；
（2）上部结构资料。
2. 作业内容
（1）基础类型、材料、埋深。
（2）基础底面、台阶平面尺寸、剖面尺寸。
（3）底板配筋。
（4）基础平面置图、详图及设计说明。

（二）基本要求
1. 提交成果
（1）设计计算书；
（2）施工图。
2. 成果要求
施工图采用 A3 图幅，铅笔线，仿宋字。
计算书采用设计用纸书写，清楚、工整，并应装订成册。

四、时间安排

设计时间共 5 天，分配如下：
第一天：熟悉资料，进行基础及地层情况分组，确定基础类型、材料、埋深。
第二天：确定基底面积。
第三天：确定基底剖面尺寸。
第四天：基础平面图绘制。
第五天：基础详图绘制。

五、大纲说明

1. 本大纲适用于三年制高职高专工程监理专业。
2. 有条件时可采用实际设计项目为设计题目。

附注　执笔人：罗明远

13 建筑工程计价实训

一、课程的性质和任务

建筑工程计价实训是建筑工程计价与投资控制课程的重要实践教学环节。通过实训促使学生将所学知识融会贯通，能正确进行建筑工程计价的方法、步骤，掌握建筑工程计价的基本程序。

二、课程教学目标

（一）知识目标

掌握建筑工程定额的应用；掌握建筑工程费用的测算；掌握建筑工程计价依据、计价程序；掌握工程量计算及工程量清单计价的基本方法。

（二）能力目标

能正确应用消耗量定额；能正确计算工程量；能正确计算工程造价；能进行工程量清单投标报价。

（三）德育目标

培养学生良好的职业道德、独立工作能力和严谨的工作态度。

三、实训内容与基本要求

（一）实训内容

1. 给定条件

(1) 建筑工程施工图一套（建筑面积约 800m^2）；

(2) 建设工程工程量清单计价规范（GB 50500—2003）；

(3) 建筑工程消耗定额；

(4) 当地市场人工单价及材料价格；

(5) 建筑工程施工组织设计。

2. 作业内容

(1) 计算工程量。根据编制依据，列出工程量项目名称及项目编号，完整地计算出建筑工程各项工程量。

(2) 计算综合单价。

(3) 计算建筑工程的人工工日数量及各项材料消耗量。

(4) 计算工程总造价及单位造价。

(5) 写编制说明及封面，装订成册。内容包括：工程概况、编制依据（图纸、定额、材料预算价格等等）、图纸中相关问题的处理以及待处理的问题，编制人姓名、编制日期等。

（二）基本要求

为达到实训目标，学生必须在规定的时间内，完成本大纲规定的内容，且内容完整、数据正确、书写工整，独立完成，不得抄袭。

四、时间分配

序号	内容	时间安排(天)	备注
（一）	计算工程量	3.0	
（二）	综合单价组合	1.0	
（三）	计算工程总造价及人工、材料	0.5	
（四）	写编制说明、写封面、装订	0.5	
	合计	5.0	

五、大纲说明

1. 本大纲适用于三年制高职高专工程监理专业。
2. 本大纲要求按工程量清单计价进行训练。

附注　执笔人：王武齐

14　毕业综合实践

一、课程的性质和任务

毕业综合实践是工程监理专业的重要实践性教学环节之一。通过训练，学生能够增加实际动手能力，为学生毕业后零距离上岗打下坚实的基础。

二、课程教学目标

（一）知识目标
1. 掌握监理企业的管理模式及岗位职责；
2. 掌握日常监理工作的程序及方法；
3. 掌握主要工种的施工工艺；
4. 掌握质量检查的内容、方法和程序；
5. 掌握监理资料、施工资料的分类和整理归档方法；
6. 了解劳动力的组织及分配方法。

（二）能力目标

训练学生从事现场监理工作的能力。

（三）德育目标

培养学生良好的职业道德、独立工作能力和严谨的工作态度。

三、训练内容及基本要求

（一）训练内容
1. 监理大纲、监理规划、监理实施细则的制定；
2. 监理日志的填写；
3. 承包商资质审核；
4. 图纸会审；
5. 施工组织设计的审查；
6. 材料取样送检；
7. 现场巡视及旁站监理；
8. 工序质量检验；
9. 隐蔽工程验收；
10. 工程变更审核；
11. 第一次工地会议，监理例会；
12. 施工进度检查与调整；
13. 工程计量审核；

14. 工程费用审核；
15. 文明施工及安全监督检查；
16. 工程分部及竣工验收；
17. 监理资料整理归档。

（二）基本要求

1. 提交成果

(1) 实习报告；

(2) 工作日志；

(3) 监理资料及其他要求提交的资料。

2. 训练要求

(1) 学生在实习期间应注意安全。

(2) 要求学生每天按时写工作日志。

四、时间安排

实习集中 9 周时间进行。

五、大纲说明

1. 本大纲适用于三年制高职高专工程监理专业。
2. 建议安排在监理现场分组进行。

附注　执笔人：刘鉴秾　张若美

15 岗 位 实 习

一、课程的性质和任务

岗位实习是学生走上工作岗位前的最后教学环节。其任务是：使学生全面熟悉施工企业和施工监理企业的管理模式及相关人员的岗位职责，熟悉施工工地上机械设备的使用和维护，掌握建筑施工工艺过程，能进行现场施工监理工作，为学生毕业后零距离上岗打下坚实的基础。

二、课程教育目标

（一）知识目标
1. 熟悉施工工地上机械设备的使用和维护。
2. 掌握各类施工工艺过程。
3. 理解施工企业和施工监理企业的管理模式及相关人员的岗位职责。
4. 熟悉施工监理的工作方式与内容。
（二）能力目标
全面介入施工监理工作，具备从事现场监理的能力。
（三）德育目标
养成学生吃苦耐劳的好习惯。

三、实习内容与基本要求

（一）实习内容
1. 监理大纲、监理规划、监理实施细则的制定；
2. 监理日志的填写；
3. 承包商资质审核；
4. 图纸会审；
5. 施工组织设计的审查；
6. 材料取样送检；
7. 现场巡视及旁站监理；
8. 工序质量检验；
9. 隐蔽工程验收；
10. 工程变更审核；
11. 第一次工地会议，监理例会；
12. 施工进度检查与调整；
13. 工程计量审核；

14. 工程费用审核；

15. 文明施工及安全监督检查；

16. 工程分部及竣工验收；

17. 监理资料整理归档。

（二）基本要求

1. 提交成果

（1）实习报告；

（2）工作日志。

2. 实习要求

（1）在实习中，学生应在工地上吃住及劳动。实习期间的作息时间按照工地规定执行，不得缺习、迟到、早退；

（2）学生应在师傅带领下参加工地监理工作，每5～6名学生宜有一名现场监理工程师带领；

（3）每个班的生产实习不少于2名指导教师带队，教师负责生产实习全过程的组织工作（包括实习联系、实习准备，各工种人员的分配与轮换、现场教学、实习日记和实习报告的批改、综合成绩的评定等）；

（4）实习期间注意安全，遵守工地的安全制度；

（5）实习结束后应按时交实习成果。

四、时间安排

岗位实习时间为15周，学生应在各岗位和工序轮换。

五、大纲说明

本大纲适用于三年制高职高专工程监理专业。

附注 执笔人：刘鉴秋 周贞贤

附录

全国高职高专土建类指导性专业目录

56　土建大类

5601　建筑设计类
560101　建筑设计技术
560102　建筑装饰工程技术
560103　中国古建筑工程技术
560104　室内设计技术
560105　环境艺术设计
560106　园林工程技术

5602　城镇规划与管理类
560201　城镇规划
560202　城市管理与监察

5603　土建施工类
560301　建筑工程技术
560302　地下工程与隧道工程技术
560303　基础工程技术

5604　建筑设备类
560401　建筑设备工程技术
560402　供热通风与空调工程技术
560403　建筑电气工程技术
560404　楼宇智能化工程技术

5605　工程管理类
560501　建筑工程管理
560502　工程造价
560503　建筑经济管理
560504　工程监理

5606	市政工程类
560601	市政工程技术
560602	城市燃气工程技术
560603	给排水工程技术
560604	水工业技术
560605	消防工程技术

5607	房地产类
560701	房地产经营与估价
560702	物业管理
560703	物业设施管理